"一带一路"主要区域未来气候变化预估研究

张井勇　庄园煌　李　凯
李超凡　顾佰和　谭显春　　著

气象出版社
China Meteorological Press

内容简介

气候变化引起的灾害风险是推进共建"一带一路"过程中面临的严峻挑战。本书对"一带一路"主要区域未来气候变化预估进行了系统研究。第1章简要回顾了相关的研究进展以及气候变化应对与可持续发展的关系;第2章用分辨率为0.25°的18个CMIP5全球模式统计降尺度结果对"一带一路"主要区域历史时期气候的模拟能力进行了评估;第3章采用多模式集合平均和线性趋势外推法预估了"一带一路"主要区域未来温度变化;第4章采用多模式集合平均方法预估了"一带一路"主要区域未来降水变化;第5章以蒙古国、哈萨克斯坦和泰国为例开展了"一带一路"气候变化国别研究;第6章提供了总结和展望。本书的研究有望为推进"一带一路"共建共享共赢过程中科学防范和应对气候变化风险、促进生态文明建设与绿色可持续发展提供参考依据。

本书可为"一带一路"相关的学者、政府决策部门、企事业单位、民间团体以及对气候变化感兴趣的研究人员提供参考。

图书在版编目(CIP)数据

"一带一路"主要区域未来气候变化预估研究 / 张井勇等著. — 北京:气象出版社,2019.3(2022.3 重印)

ISBN 978-7-5029-6937-0

Ⅰ.①一⋯　Ⅱ.①张⋯　Ⅲ.①气候变化-研究-世界

Ⅳ.①P467

中国版本图书馆 CIP 数据核字(2019)第 035593 号

审图号:GS(2019)959 号

"Yi Dai Yi Lu" Zhuyao Quyu Weilai Qihou Bianhua Yugu Yanjiu

"一带一路"主要区域未来气候变化预估研究

出版发行:气象出版社

地　　址: 北京市海淀区中关村南大街 46 号		**邮政编码:** 100081	
电　　话: 010-68407112(总编室)　010-68408042(发行部)			
网　　址: http://www.qxcbs.com		**E-mail:** qxcbs@cma.gov.cn	
责任编辑: 王萃萃　李太宇		**终　　审:** 吴晓鹏	
责任校对: 王丽梅		**责任技编:** 赵相宁	
封面设计: 楠竹文化			
印　　刷: 北京建宏印刷有限公司			
开　　本: 787 mm×1092 mm　1/16		**印　　张:** 7.5	
字　　数: 192 千字			
版　　次: 2019 年 3 月第 1 版		**印　　次:** 2022 年 3 月第 3 次印刷	
定　　价: 60.00 元			

本书如存在文字不清、漏印以及缺页、倒页、脱页等,请与本社发行部联系调换。

前　言

　　中国国家主席习近平 2013 年秋天提出共建"一带一路"重大倡议以来,获得了越来越多国家的积极响应和参与,为推进世界发展进程提供了新机遇、新方案。5 年多来,"一带一路"建设不断推进,促进了中国、沿线国家及全世界的共同发展繁荣,为推动构建人类命运共同体提供了实践平台。气候变化是人类社会当前和未来面临的共同重大挑战。共建绿色"一带一路"为沿线区域和全球携手应对气候变化、合作防范管理气候灾害风险以及促进可持续发展提供了新平台、新机遇,对实现构建人类命运共同体的目标具有重要意义。

　　工业革命以来,人类排放的温室气体不断增加,引起全球地表温度不断升高。与工业革命前相比,我们目前生活在升温 1 ℃的世界里,深受全球变暖带来的各种气候灾害的影响。未来几十年,如果温室气体浓度得不到有效控制,全球温度将不断升高,可能加剧当前的气候变化风险并带来未知新风险。"一带一路"主要区域升温明显快于全球平均水平,加上人口众多、生态环境敏感脆弱和应对能力薄弱,气候灾害影响尤其严重,面对的气候变化风险更大。气候变化是"一带一路"主要区域及全球共同面临的一个重大挑战。但是,目前对"一带一路"主要区域气候变化的研究和认识明显不足。

　　2018 年 10 月,我们在气象出版社出版了《"一带一路"主要地区气候变化与极端事件时空特征研究》一书,系统分析了 1988—2017 年平均和极端气候变化的时空特征及规律。本书对未来包括近期、中期和远期"一带一路"主要区域气候变化进行了系统预估研究,提供了未来气候变化的特征与规律,揭示了关键变化区。期望本书的研究能够为"一带一路"主要区域有序应对气候变化、防范与减轻气候灾害风险提供科学参考,服务于共建绿色、清洁美丽"丝绸之路"以及全球气候治理与可持续发展。

　　本书共有 6 章:第 1 章回顾了"一带一路"主要区域未来气候变化研究进展以

及应对气候变化在可持续发展中的作用;第 2 章对 18 个 CMIP5 全球模式统计降尺度数据进行了历史时期模拟能力评估;第 3 章和第 4 章主要采用多模式集合平均预估了未来 RCP4.5 和 RCP8.5 两种排放情景下不同时期"一带一路"主要区域温度与降水变化;第 5 章以蒙古国、哈萨克斯坦和泰国为例进行了"一带一路"气候变化国别研究;第 6 章对第 2～5 章的内容进行了总结并给出了展望。

张井勇研究员制定了本书的研究计划和内容并组织工作的开展与完成。张井勇研究员、李超凡副研究员、顾佰和助理研究员与谭显春研究员完成了第 1 章的撰写;第 2～5 章由张井勇研究员及指导的博士研究生庄园煌和李凯完成;张井勇研究员撰写了第 6 章,并对全书进行了统稿。

本书的研究与出版由国家重点研发计划项目"'一带一路'沿线主要国家气候变化影响和适应研究"(2018YFA0606501)资助。气象出版社的编辑为本书的出版付出了大量精力,在此表示感谢。

"一带一路"建设不断扎实推进,已进入全面实施的新阶段。衷心期望我们的研究成果能够为携手共建绿色、清洁美丽"一带一路"过程中合作应对气候变化、推进气候治理进程以及促进可持续发展提供科学参考。由于时间比较仓促并限于著者的水平,书中错漏、不当之处难免,敬请读者给予批评指正。

张井勇

中国科学院大气物理研究所

中国科学院大学地球与行星科学学院

2019 年 1 月

目　　录

第 1 章

"一带一路"主要区域未来气候变化预估研究进展

一带一路

1.1 引言

古丝绸之路跨越东西方多个文明的发源地,将亚欧非三大洲连通起来,创造了沿线地区思想文化的交流融合、社会经济的共同发展。2013 年秋,中国国家主席习近平提出了携手共建"一带一路"的重大倡议,为中国、沿线国家及全世界的共同发展繁荣创造了广阔空间和美好前景,获得了广泛欢迎和积极参与。5 年多来,根植于深厚的古丝路历史土壤,面向全球和未来,秉承"和平合作、开放包容、互学互鉴、互利共赢"的丝路精神,"一带一路"建设取得了举世瞩目的成果和进展,影响力与吸引力不断提高,已成为全球最宏大的合作平台。

2015 年 3 月,《推动共建丝绸之路经济带和 21 世纪海上丝绸之路的愿景与行动》发布(国家发展和改革委员会等,2015)。2016 年 3 月,"一带一路"写入我国"十三五"规划。2017 年 5 月,首届"一带一路"国际合作高峰论坛在北京成功召开;第二届论坛将于 2019 年 4 月举行。"一带一路"已被纳入联合国多个相关文件,与中国签署"一带一路"合作文件的国家和国际组织由 2016 年底的 40 多个增加到 2018 年底的超过 150 个。

2013 年以来,在"一带一路"建设扎实推进过程中,政策环境持续优化,互联互通水平持续提高,经贸合作不断深化,金融支持力度不断加强,人文交流合作持续推进(国家信息中心"一带一路"大数据中心,2018)。目前,"一带一路"建设已经进入全面深入实施的新阶段。"一带一路"建设未来将不断推动中国、沿线国家以及全球共同发展繁荣,也将需要面对诸多问题和挑战。其中,应对气候变化是中国与相关合作国家和地区面临的一个重大共性挑战。同时,"一带一路"倡议及建设为中国、沿线国家以及全球合作防范与应对气候变化风险提供了新机遇与公共平台。

生活着世界上大约 70% 人口的"一带一路"主要区域生态环境敏感脆弱,全球变暖背景下种类繁多的气候灾害包括高温、干旱、洪涝等趋多趋重(IPCC,2014;张井勇等,2018)。许多沿线国家经济社会发展水平不高,深受气候灾害影响,但应对气候变化及相关灾害能力薄弱(王伟光等,2017;孙健等,2018)。未来,"一带一路"主要区域目前的气候变化风险可能升高,而且可能面临未知的新风险(IPCC,2014,2018)。同时,"一带一路"主要区域温室气体排放量大,增长速度快,在全球气候变化治理进程中发挥着根本性的关键作用。中国在可持续发展转型期的实践与经验表明,有效有序应对气候变化不仅有助于防范与降低气候变化风险,还能够与环境污染治理等产生巨大的协同共赢效应。

认识气候变化事实与预估未来变化是在共建绿色、清洁美丽"一带一路"过程中有序应对与适应气候变化、推进生态文明建设与促进区域可持续发展的一个根本性的前提条件,具有至关重要的作用。张井勇等 2018 年 10 月在气象出版社出版的《"一带一路"主要地区气候变化与极端事件时空特征研究》一书系统分析了 1988—2017 年气候变化时空特征与规律,提供了事实基础。本书主要聚焦在未来预估研究,其第 1 章将回顾"一带一路"主要区域未来气候变化预估的若干研究进展以及应对气候变化在可持续发展中的作用。

1.2 未来气候变化预估

越来越多的证据表明,自工业革命以来,人类活动引起的温室气体排放造成全球地表温度的不断升高(IPCC,2014)。全球变暖带来的相关灾害损害人们的健康与生命,造成气候贫困与移民,引起社会经济与生态系统的重大损失,严重影响 2030 年可持续发展目标的实现。化石燃料燃烧是人为温室气体排放以及造成大气污染的共同主要原因。2018 年 12 月,世界卫生组织(World Health Organization,WHO)发布的《健康与气候变化》特别报告显示,全球性的空气污染每年引起约 700 万人失去生命,并导致超过 5 万亿美元的福利损失(WHO,2018)。温室气体减排与大气污染治理存在巨大的协同共赢效应。

未来的气候状况依赖于过去和未来人为的温室气体排放、土地利用、空气污染等造成的人为变化以及气候自然的变化与变率。IPCC 第五次评估报告基于多重证据链显示,在多种未来情景下温室气体累计排放与预估的到 21 世纪末全球温度变化存在很强的、近线性的关系(IPCC,2014)。目前,我们生活在比工业化前大约升温 1 ℃的世界里(世界气象组织,2018;IPCC,2018)。如果减缓努力维持现状,预估全球升温会继续增加,未来几十年可能超过工业化前 2 ℃和 3 ℃,甚至到 2100 年可能超过 4 ℃(IPCC,2014)。随着全球不断升温,预估表明降水变化将呈现明显空间差异,高温热浪、强降水等极端天气气候事件可能趋于多发、并发、重发,雪盖面积、冻土范围以及冰川体积可能减少,海平面可能继续上升(IPCC,2014;Mora et al.,2018)。如果应对气候变化不力,未来全球变暖情景下气候系统的一系列变化对人类社会和生态系统可能造成广泛的、严重的与不可逆的影响和风险。

2015年12月,旨在加强气候变化全球应对,将全球温升目标控制在工业化前的2℃,并努力控制在1.5℃的《巴黎协定》获得近200个国家的一致通过。最新发布的《IPCC全球温升1.5℃特别报告》显示,目前1℃升温下发生的极端事件增加、冰川积雪减少、海平面上升等不利后果将在1.5℃和2℃升温情景下进一步加剧(IPCC,2018)。但是,限制温升1.5℃而不是2℃将可以减弱或避免一系列的负面影响。实现《巴黎协定》温升目标需要在能源、土地、城市、工业、交通等诸多方面进行快速而有效的可持续转型,目前形势不容乐观。即使在《巴黎协定》框架下各国的承诺全部兑现,到21世纪末全球升温仍将向超过3℃方向发展。2019年9月,旨在进一步推动全球气候行动、增强决心与努力的联合国气候峰会将召开(http://www.un.org/en/climatechange/un-climate-summit-2019.shtml)。

中国一直积极应对全球气候变化及其区域响应,积累了丰富的实践经验,在全球气候治理中不断贡献中国智慧、方案与力量,发挥着越来越重要的作用。《中国应对气候变化的政策与行动2018年度报告》显示,中国在减缓与适应气候变化、完善相关的体制机制、提高公众意识及地方行动、促进自身气候变化应对能力建设、帮助其他发展中国家气候变化应对能力建设、促进全球相关合作等诸多方面取得重要积极进展(生态环境部,2018)。

"一带一路"主要区域气候类型复杂多样,既包括热带雨林、沙漠、草原和季风气候,亚热带地中海、草原、沙漠与季风气候,还包括温带大陆性、海洋性与季风气候以及寒带和高山气候。例如,从北非经南亚至东亚的亚非季风带对亚非夏季风雨带的移动起至关重要的作用(丁一汇等,2016)。"一带一路"主要区域农业种植面积大,城镇化发展速度快。目前,大约70%的500万人口以上的大型或超大型城市位于"一带一路"主要区域,未来比例将继续增加(UN-DESA-PD,2014)。最近的几十年,"一带一路"主要区域比全球平均升温更快,极端天气气候事件普遍趋多趋重,并表现出明显的空间分异性(张井勇等,2018)。下面我们分地区,包括东亚、东南亚、北亚、南亚、中亚、西亚、欧洲与非洲北部回顾"一带一路"主要区域未来气候变化预估等方面的研究。

东亚地区受到季风与西风带的共同影响,具有复杂而多变的气候。2015年发布的《第三次气候变化国家评估报告》显示,近几十年中国地表气温升高速率超过0.2℃/10a,未来将继续增暖(《第三次气候变化国家评估报告》编写委员会,2015)。到21世纪末,在温室气体高排放情景下(RCP8.5)预估中国平均地表气温将比1986—2005年升高5.0℃。近60年,中国区域平均降水趋势不明显,预估到 21 世纪末增幅为 2%～5%,其中北方降水增加尤为明显(《第三次气候变化国家评估报告》编写委员会,2015)。近几十年,中国极端天气气候事件呈增多趋势,预估未来将继续增加(秦大河等,2015)。预估研究表明,东亚其他地区包括蒙古国、朝鲜半岛和日本未来呈现出一致但程度不同的变暖,而降水的未来变化则具有空间差异性(Endo et al.,2012;Lee et al.,2014;Cha et al.,2016)。

东南亚由中南半岛与马来群岛组成,受到热带季风与热带雨林气候影响。近几十年,东南亚地区温度的增温速率约为 0.14～0.20 ℃/10a,增温趋势在未来将持续,极端高温事件出现的频率和强度也将增加(Diffenbaugh et al.,2011;Revadekar et al.,2013;Thirumalai et al.,2017)。由于热带地区在全球变暖背景下呈现"湿变得更湿"的气候趋势特征,预计东南亚地区未来降水亦呈增加趋势(Held et al.,2006;Chou et al.,2009;Loh et al.,2016)。总而言之,东南亚地区未来可能变得更热更湿,相应的极端事件增多。

北亚主要指乌拉尔山以东、西伯利亚的广大地区。该地区纬度较高,地广人稀。近几十年,北亚地区增温显著,未来在全球变暖情景下将继续增暖。在低排放情景下(RCP2.6),到 21 世纪末预估增温 3 ℃;而在高排放情景下(RCP8.5),增温幅度将明显增强(Christensen et al.,2013)。这会对局地气候包括积雪等产生重要影响,进而会影响和调制东亚地区气候(Wang et al.,2009;Lin et al.,2018)。北亚年平均降水近几十年没有明显的一致性趋势变化,而未来预估的降水在 21 世纪末表现出一定的增加趋势,但不是很明显(Alcamo et al.,2007;Christensen et al.,2007)。

南亚受到典型的热带季风气候的影响,温度高,降水季节性强、年际变率大。南亚绝大部分地区的气温在过去百年呈现增高,未来增暖趋势将继续,甚至加剧。在温室气体中等排放情景下(RCP4.5),预估到 21 世纪末,南亚地区的平均温度较现阶段(1979—2005 年)增幅将不高于 4 ℃;但在高排放情景下(RCP8.5),该地区的平均气温将增加超过 5 ℃(Iqbal et al.,2014)。南亚降水的预估较气温不确定性偏大,但大部分 CMIP5 模式对南亚季风降水预估都为增多。在 RCP6.0 与 RCP8.5 的排放情景下,相较于 1921—1990 年,预计印度降水到 21 世纪 30 年代增加 4%～5%,到 21 世纪末增加 6%～14%,预估的对应极端降水天数呈现增加趋势(Chaturvedi et al.,2012;Sabeerali et al.,2015)。

中亚地处中纬度大陆腹地,大部分地区气候干燥、水资源匮乏。近百年来,中亚气候的变暖程度明显,高于东亚季风区(王劲松等,2008;Chen et al.,2009)。

未来 50 年,预估中亚地区的增暖将持续,而且升温的程度随着温室气体排放浓度升高而增大(吴昊旻等,2013)。相应地,预计该地区未来极端高温事件也将增多。对中亚地区降水变化的预估具有较大的不确定性,并表现出空间差异性。

西亚地区位于亚洲西南部,气候干燥炎热,水资源严重缺乏。近几十年,西亚地区的增暖幅度非常显著,尤其是 20 世纪 90 年代中期以来的 20 多年里,温度增幅超过了 1 ℃(Hong et al.,2017)。随着温室气体浓度增加,预计西亚地区增暖将持续。研究表明,2070—2099 年该地区平均温度较 1961—1990 年可能将增高3.5~7.0 ℃,对应的极端高温事件也将增多增强(Lelieveld et al.,2012,2014)。另一方面,到 21 世纪中叶,西亚大部分国家地区的年降水量预计将减少 15%~20%,地表的蒸发量将增强(Terink et al.,2013)。这些现象将进一步导致西亚地区干旱事件增多,该地区将面临更严重的水资源匮乏问题。

欧洲地区受到北大西洋暖流的影响,相比较同纬度大陆地区气候更温暖湿润。近几十年,欧洲大部分地区呈现出明显的增暖趋势,极端高温事件发生频次增多(van Oldenborgh et al.,2009;Della-Marta et al.,2007;Dong et al.,2017)。在未来不同排放情景下,预估整个欧洲地区的气温表现出一致性增暖。在温室气体中等排放情景下(RCP4.5),预计 2071—2100 年较 1971—2000 年温度将增加1.0~4.5 ℃;而高排放情景下(RCP8.5)则增加 2.5~5.5 ℃(Jacob et al.,2014)。有研究表明,未来最强的增暖可能将出现在夏季的南欧地区和冬季的北欧地区(Goodess et al.,2009;Kjellström et al.,2011)。与之相对应,极端高温事件发生频次也增加。与温度不同,欧洲地区降水的未来变化存在显著的空间差异性。预计欧洲北部地区未来降水明显增加,南部地区降水则呈现弱的减少趋势。在高排放情景下(RCP8.5),欧洲北部和中部大部分地区的降水可能将增加大约 25%(Jacob et al.,2014)。

非洲北部地区气候炎热,降水从极端干旱的撒哈拉沙漠向南梯度增加。近几十年,北非在整个非洲地区增温最为显著(Collins,2011),这种特征在未来可能将依然继续。在高排放情景下(RCP8.5),预计北非大部分地区 21 世纪末的气温较近 30 年增加约 4.5~5.5 ℃,极端高温天数明显增多(Paeth et al.,2009;Vizy et al.,2012)。与气温相比,模式预估北非地区未来降水变化的不确定性相对偏大。在高排放情景下(RCP8.5),21 世纪中后期北非大部分地区年平均降水可能趋于减少;但夏季降水可能增多,预计 2050—2099 年的萨赫勒地区夏季平均降水较1979—2005 年增加约 0.8 mm/d(Yan et al.,2019)。

1.3 气候变化应对与可持续发展

1.3.1 应对气候变化是可持续发展的重要内容之一

(1)应对气候变化丰富了可持续发展的内涵

气候变化应对和可持续发展都是近年来在地球科学、环境科学等多学科交叉背景下提出的两个密切联系的重大问题,都关乎人类前途命运(叶笃正等,2001;刘东生,2002;徐冠华等,2013;United Nations,2016)。二战后,发达与发展中国家普遍将谋求经济发展放在了突出位置,全球工业化加速发展,但对资源、环境、人口等问题不足够重视,导致环境污染、资源匮乏和生态破坏等问题日益突出。随着人口急剧增长以及自然资源的大量消耗,人们逐渐认识到所采用的发展模式不能够支撑人类未来的永续发展。在此背景下,世界环境发展委员会提出了"可持续发展"的思想:既要满足当前的人类需要,也不能损害未来人类的生存需要。另一方面,IPCC 系列报告已经表明,人类工业生产等过程中排放的大量温室气体尤其是二氧化碳引起全球气候暖化。而二氧化碳的大量排放则主要由工业化过程中化石能源的大量消耗引起。全球气候变化已经给人们的健康与生命、粮食和水安全、能源与工业、自然和人为的生态系统等带来一系列深重损失,严重影响了人类和地球上其他生物的生存与发展。由此可见,应对气候变化和实现可持续发展都是为了解决工业化过程给人类带来的发展问题,但是可持续发展的内涵要大于应对气候变化。应对气候变化主要是通过温室气体减排来减缓气候变化,同时采取相应的政策措施以适应气候变化带来的影响,以及相关的应对能力建设。而可持续发展不仅仅是要实现应对气候变化以及生态环境保护,还包含人类自身以及人类社会发展需要。

(2)应对气候变化已成为联合国《2030 年可持续发展议程》的重要目标之一

随着相关研究与认识的不断加深,气候变化应对逐渐被意识到与可持续发展目标的实现有着密切联系,需要将两者协同起来(叶笃正等,2001;刘东生,2002;徐冠华等,2013;United Nations,2016)。走可持续发展之路能够降低温室气体排放和增强气候适应能力,从而有助于应对气候变化。反过来,应对气候变化的行动将促进可持续发展。由于受到诸如全球气候变化、人类发展需求等外部因素的推动,可持续发展的内涵进一步扩大,2015 年联合国可持续发展峰会上达成了

《2030 年可持续发展议程》这一重要成果。《2030 年可持续发展议程》是全球可持续发展的指导性及方向性文件,列出了 17 项可持续发展目标(https://www.un.org/sustainabledevelopment/)。其中,气候行动被作为其中的一个目标单独列出。另外,还有数个可持续发展目标包括无贫困、零饥饿、人类健康与福祉、清洁能源、可持续城市及社区等也与应对气候变化密切相关(UN Climate Change,2018)。

1.3.2 走可持续发展道路是应对气候变化的有效途径

(1)《2030 年可持续发展议程》推动各国开展气候行动

气候变化及极端气候事件已经给世界各国带来了深重影响,将来可能造成更大的影响和风险(IPCC,2014)。最贫穷与最脆弱人群正在经受并将继续经受最大的气候变化冲击,这将严重影响世界的可持续发展。《2030 年可持续发展议程》单独将气候变化应对列为可持续发展目标之一,对推动全球气候变化行动起到了非常积极的作用。作为实施和落实议程以及可持续发展目标的重要保障,全球政府间可持续发展高级别政治论坛(HLPF)将在 2019 年对关于气候行动的可持续发展目标(目标 13)进行评估。同时,2019 年 9 月联合国秘书长还将组织召开气候变化峰会,将为进一步推动全球应对气候变化进程、实现可持续发展提供巨大的政治动力。此外,各国成员均可通过自愿和自主的方式,定期向 HLPF 提交可持续发展进程的评估报告,展现各国落实《2030 年可持续发展议程》及推进实现可持续发展目标所取得的进展,其中也包括了大量气候变化行动方面的进展和信息,促进了各国应对气候变化行动的开展。2018 年《新气候经济报告》显示,到 2030 年坚决的气候变化行动、可持续的低碳发展路径将带来至少 26 万亿美元的经济收益,并获得增加工作岗位、改进人类福祉等诸多益处(https://newclimateeconomy.report/)。

(2)可持续发展措施推动发展中国家应对气候变化行动

当今世界面临的诸多挑战和问题与发展不足密切相关,寻求可持续发展是应对相关挑战与风险的关键解决之道。发展中国家普遍面临发展不充分、不平衡等问题,并需应对政治、经济、社会、环境等各领域的挑战。与此同时,大多数发展中国家对气候变化脆弱敏感,且促进低碳绿色发展以及打造气候韧性的综合能力建设不足(谭显春等,2017)。消除贫困及促进经济社会发展的可持续性是发展中国家面临的紧迫问题。通过可持续发展而不断积累应对气候变化有关的经验、能力、资源等,能够实现消除贫困、减排低碳、经济发展等多重效益,成为发展中国家普遍采取的应对气候变化的统领性方案与路径(谢伏瞻等,2018)。

1.3.3 "一带一路"倡议有助于推动应对气候变化和联合国可持续发展议程

(1)"一带一路"倡议为沿线国家合作应对气候变化提供新平台

"一带一路"为气候变化合作提供了多种实现路径,开展国家与地区间应对气候变化合作的意义不仅仅限于气候治理本身,更多的是以此为抓手开展经济、贸易、金融、能源技术等多领域的全面合作。后《巴黎协定》时代下,美国退出增加排放缺口,广大发展中国家将面临更大的发展和减排挑战,因此急需要通过区域合作来突破经济增长与碳排放约束的双重目标,而"一带一路"倡议为沿线国家提供了很好的合作机遇和平台。在"一带一路"主要区域,部分欧洲发达国家、中国等具有丰富的碳减排与气候变化适应经验,沿线国家可以开展形式多样的国际气候变化合作,例如可以通过低碳与适应技术投资、绿色低碳金融以及其他低碳与气候韧性基建技术和成熟的管理经验和制度设计等辅助手段开展合作,在多领域全方位进行优势互补,促进气候变化应对。

(2)"一带一路"倡议为可持续发展带来新机遇

"一带一路"倡议与《2030年可持续发展议程》愿景相通,"一带一路"建设的合作重点与17个具体可持续发展目标紧密相连,能够互相促进。《2030年可持续发展议程》中的各发展目标已经实施了3年,但缺少足够的实现目标进度的资金。这使得其中的多个目标包括应对气候变化、无贫穷、零饥饿等,都面临着较大难以实现的风险。"一带一路"倡议为应对实现可持续发展目标的资金缺口提供了有力支持。例如,亚洲基础设施投资银行在成立后的第一年就贷出了约17亿美元,支持可持续基础设施以及其他项目(http://world.people.com.cn/n1/2018/0614/c1002-30056145.html)。另外,"一带一路"倡议有助于调动来自发达国家、发展中国家、公共和私营部门的资金,以及非传统的资金来源,这无疑有助于填补全球在为可持续发展目标融资方面面临的资金缺口。同时,"一带一路"倡议目前已包括150多个国家和国际组织,为可持续发展目标带来所需的伙伴关系。"一带一路"所开展的基础设施投资,在提高生产力和实现可持续经济发展方面扮演着重要角色,是消除贫困的重要手段。同时,中国也通过"一带一路"倡议分享实践经验,从而促进可持续发展目标的落实。随着"一带一路"建设的不断推动,沿线许多国家的贸易、经济、技术转让等都在稳定增加,有效减少了世界贫困与饥饿人口。

综上所述,气候变化带来的诸多灾害风险是当前与未来全世界需要共同应对的重大挑战,严重威胁着全球生态文明建设与绿色可持续发展。减缓与适应是应对气候变化、推进气候治理进程中两个相辅相成的方面。减缓气候变化需要全世界共同努力加强温室气体减排,而适应则具有地域性与特定背景(符淙斌等,2003;徐冠华等 2013;刘燕华等;2013)。事实与预估研究为应对气候变化、推进气候治理提供根本性的科学基础。尽管存在程度不同的不确定性,目前我们对全球尺度上的气候变化已经获得了广泛、越来越深入的认识,从局地到区域尺度上的研究则主要聚焦在欧洲、北美、东亚等经济发展水平比较高的地区。

"一带一路"重大倡议提出 5 年多来,取得丰硕成果及巨大进展,"一带一路"建设已经进入深入实施新阶段,成为迄今为止最宏大的国际合作平台。但是,"一带一路"主要区域气候变化及相关灾害方面的研究明显缺乏。在《"一带一路"主要地区气候变化与极端事件时空特征研究》一书中,我们提供了过去 30 年(1988—2017 年)平均及极端气候变化的事实分析(张井勇等,2018)。本书基于来自 NASA 的 18 个全球模式高分辨率(0.25°,约 25 km)降尺度数据,对"一带一路"主要区域未来气候变化预估开展了系统研究,以期为沿线国家合作共同有序应对气候变化、建设绿色与清洁美丽"一带一路"以及落实 2030 可持续发展目标提供科学参考依据。

第 2 章

"一带一路"主要区域 CMIP5 多模式降尺度结果历史时期模拟能力评估

一带一路

2.1 引言

全球气候系统/地球系统模式模拟为研究未来气候变化提供了主要工具,世界气候研究计划(WCRP)推动的耦合模式比较计划(CMIP)试验为每隔 5~7 a 发布的 IPCC 评估报告提供了重要基础(Meehl et al.,2007;Taylor et al.,2012)。但是,全球模式普遍分辨率较粗(~200 km),难以在局地到区域尺度上提供可靠的气候变化信息(刘昌明等,2012;Wilby et al.,2013)。动力降尺度、统计降尺度以及动力与统计降尺度相结合方法被用来将全球模式粗分辨率结果转化为可提供局地与区域细节特征的高分辨率数据。区域模式动力降尺度具有明确的动力、数学物理学基础,能够更好地刻画陆面特征及与大气的相互作用以及其他的一些物理过程与动力过程,已被广泛应用于欧洲、美国、东亚等地区的降尺度模拟(Giorgi et al.,2009;张井勇等,2014)。动力降尺度的一个重要缺点是需要的计算量一般很大。与动力降尺度相比较,统计降尺度模型易于构造、方法简单灵活、计算量较小,因此也常被用于获得高分辨率的未来气候变化信息,其缺点是动力物理基础问题及需要比较完备的观测资料的支持。

美国国家航空与航天局(National Aeronautics and Space Administration,NASA)采用统计降尺度方法——偏差纠正空间分解方法(Bias-Correlation Spatial Disaggregation,BCSD),生成了一套超过 12 TB 的水平分辨率为 0.25°(约 25 km)的包括 21 个 CMIP5 模式的逐日温度降水数据集,简称为 NEX-GDDP 数据集(https://cds.nccs.nasa.gov/nex-gddp/)。本章采用两套格点观测数据,对来自 NEX-GDDP 的 18 个 CMIP5 模式统计降尺度历史阶段(1986—2005 年)数据在"一带一路"主要区域的模拟能力进行检验与评估。第 3 章与第 4 章将采用 NEX-GDDP 的 18 个全球模式降尺度数据的集合平均对 RCP4.5 与 RCP8.5 两种排放情景下"一带一路"主要区域不同时期包括近期、中期与远期温度与降水变化进行未来预估。

2.2 数据与方法

2.2.1 观测数据

分别来自于美国国家海洋和大气管理局(National Oceanic and Atmospheric

Administration，NOAA)及英国东英吉利大学(University of East Anglia)的两套地表气温与降水的格点观测数据集被用来对全球模式降尺度结果的历史时期模拟能力进行评估。两套观测数据集的水平分辨率均为 0.5°,本章使用的时间段为1986—2005 年。

NOAA 的格点数据集基于全球历史站点数据(Global Historical Climatology Network，GHCN)与气候异常观测系统数据(Climate Anomaly Monitoring System，CAMS)生成,简称为 GHCN-CAMS 观测数据集(Fan et al. ,2008;Chen et al. ,2002)。GHCN-CAMS 的气温数据从如下网址下载:https://www.esrl.noaa.gov/psd/data/gridded/data.ghcncams.html,降水数据下载自:https://www.esrl.noaa.gov/psd/data/gridded/data.precl.html。

另一套气温降水格点观测数据集是由英国东英吉利大学气候变化研究中心提供的 The Climatic Research Unit (CRU) Version 4.01 数据,简称为 CRU 观测数据集 (Harris et al. ,2014; Harris et al. ,2017)。CRU 观测数据集基于不同国家气象服务部门以及其他机构提供的多种数据源插值而生成,包括了日平均气温、降水等 9 个气候变量。气温与降水的数据从如下网址下载:http://data.ceda.ac.uk/badc/cru/data/cru_ts/cru_ts_4.01/。

2.2.2　全球模式降尺度数据

为了促进区域和局地尺度气候变化研究及加强公众对于城镇等更小尺度上未来气候变化形势的认识,美国国家航空与航天局(NASA)推出了全球逐日数据降尺度计划(NASA Earth Exchange Global Daily Downscaled Projections, NEX-GDDP)。NEX-GDDP 利用参与 CMIP5 的全球模式输出结果,通过 BCSD 统计降尺度方法,整理出了历史阶段(1950—2005 年)和未来(2006—2100 年)两种排放情景下(RCP4.5 和 RCP8.5)全球 0.25°×0.25°水平分辨率的降水、日最高和日最低温度数据集,数据总量超过 12 TB(https://cds.nccs.nasa.gov/nex-gddp/)。本章采用 GHCN-CAMS 与 CRU 两套格点观测数据对历史阶段(1986—2005 年)NEX-GDDP 的 18 个 CMIP5 全球模式降尺度数据的模拟能力进行了评估,接下来的几章将采用近期、中期与远期(2020—2039 年、2040—2059 年与 2080—2099年)的全球模式降尺度数据进行系统未来预估。

(1)BCSD 统计降尺度

NEX-GDDP 数据集通过误差订正空间分解法(BCSD)得到,该算法利用观测数据集提供的空间细节,将 CMIP5 全球模式输出结果插值到高分辨率网格点上,解决了全球模式输出数据分辨率较低等缺陷,广泛应用于全球模式统计降尺度研究中(Wood et al.,2002,2004;Maurer et al.,2008;Thrasher et al.,2012)。该方法包含两个相对独立的部分,即偏差订正和空间降尺度(空间分解)。

(2)偏差订正

用于偏差订正的全球观测资料来自美国普林斯顿大学陆地水文小组提供的全球气象驱动数据集,它是由全球降水气候计划(GPCP)观测资料、TRMM(Tropical Rainfall Measuring Mission)卫星资料以及 NCEP-NCAR(National Centers for Environmental Prediction-National Center for Atmospheric Research)再分析资料进行整合得到的一套 0.25°高分辨率的全球资料,简称为 GMFD 观测数据集(Sheffield et al.,2006)。

NEX-GDDP 首先利用面积加权将高分辨率的 GMFD 观测数据升尺度到相应的全球模式分辨率上,在每个网格点上,利用 1950—2005 年 GMFD 观测数据的累积分布函数(CDF)来修正全球模式现阶段及未来不同排放情景的累积分布函数(假设现阶段 GMFD 和全球模式之间 CDF 的函数关系是稳定的,且在未来情景下仍然适用),模式输出数据在每个网格点上与观测的 GMFD 数据就具有了相同的CDF,达到模式偏差订正的目的。需要指出的是,BCSD 方法并没有对变量的趋势进行订正和调整,因此在温度偏差订正之前,首先提取温度的变化趋势,在偏差订正结束时,将先前提取的温度气候趋势添加到调整后的温度序列中。

(3)空间降尺度

首先将 GMFD 高分辨率观测数据升尺度到与全球模式一致的分辨率,计算每个网格点上各变量 1950—2005 年逐日数据的气候平均态;利用偏差订正后的全球模式逐日数据与 GMFD 气候平均态数据求出用于空间修订的尺度因子。对于温度,尺度因子是全球模式与 GMFD 之差,而降水则是全球模式与 GMFD 之商;在得到尺度修正因子后,利用双线性插值法将粗分辨率的尺度因子空间插值到高精度的 GMFD 网格点上;最后基于高精度的 GMFD 气候态数据,利用尺度因子最终得到全球模式高分辨率降尺度气候数据。

(4)BCSD 方法的假设与局限性

BCSD 方法固有的假设是,在将来的气候变化情况下,从 1950 年到 2005 年观察到的温度和降水的空间形态相对保持不变。除了更高的空间分辨率和偏差订正之外,该数据集不增加超出原始 CMIP5 情景中包含的信息,并且保持每个

CMIP5 情景内,异常高温和低温或降水(即极端事件)的周期频率。

2.2.3 分析方法

NEX-GDDP 全球降尺度数据集提供了 21 个 CMIP5 全球模式三个气候变量包括日最高温度、日最低温度与降水的逐日数据。在本书的研究中,我们采用其中的 18 个全球模式降尺度数据。我们用日最高温度与日最低温度的平均值来获得日平均温度,并进一步利用日平均温度计算月平均与年平均温度。NEX-GDDP 数据集的空间分辨率为 0.25°,而 GHCN-CAMS 与 CRU 两套观测资料的空间分辨率均为 0.5°。双线性插值被用来将 GHCN-CAMS 与 CRU 温度与降水观测数据插值到与 NEX-GDDP 数据相同的空间格点上。

表 2.1 给出了我们采用的 18 个 CMIP5 模式信息,包括来自中国的两个模式。NEX-GDDP 将这些空间分辨率普遍在 100～300 km 的全球模式数据采用 BCSD 方法统一降尺度到了 0.25°,2.2.2 节提供了比较详细的降尺度方法与过程说明。多模式集合平均(MME)能够尽可能地降低或消除气候变量的内部自然变率以及模式间的误差。本章采用 GHCN-CAMS 与 CRU 观测资料检验和评估了表 2.1 所列的 18 个 CMIP5 全球模式降尺度集合平均以及单个模式降尺度结果对历史时期(1986—2005 年)"一带一路"主要区域温度和降水的模拟能力,主要聚焦在评估与检验"一带一路"主要区域历史时期年平均及月平均温度与降水气候态的空间分布、区域平均的年平均温度与降水以及温度与降水年循环。

表 2.1　18 个 CMIP5 全球模式信息,NEX-GDDP 采用 BCSD 方法将原始模式结果
统一降尺度到 0.25°

序号	模式名称	所属国家	原始模式分辨率
1	BCC-CSM1-1	中国	$2.8° \times 2.8°$
2	BNU-ESM	中国	$2.8° \times 2.8°$
3	CanESM2	加拿大	$2.8° \times 2.8°$
4	CCSM4	美国	$1.25° \times 0.94°$
5	CESM1-BGC	美国	$1.4° \times 1.4°$
6	CNRM-CM5	法国	$1.4° \times 1.4°$
7	CSIRO-Mk3-6-0	澳大利亚	$1.8° \times 1.8°$
8	GFDL-ESM2G	美国	$2.5° \times 2.0°$
9	GFDL-ESM2M	美国	$2.5° \times 2.0°$

序号	模式名称	所属国家	原始模式分辨率
10	Inmcm4	俄罗斯	2.0°×1.5°
11	IPSL-CM5A-LR	法国	3.75°×1.8°
12	IPSL-CM5A-MR	法国	2.5°×1.25°
13	MIROC-ESM-CHEM	日本	2.8°×2.8°
14	MIROC5	日本	1.4°×1.4°
15	MPI-ESM-LR	德国	1.9°×1.9°
16	MPI-ESM-MR	德国	1.9°×1.9°
17	MRI-CGCM3	德国	1.1°×1.1°
18	NorESM1-M	挪威	2.5°×1.9°

2.3 多模式温度结果评估

图 2.1 给出了"一带一路"主要区域历史时期(1986—2005 年)观测与多模式集合平均(MME)年平均温度气候态的空间分布。从 GHCN-CAMS 和 CRU 两套观测数据来看,年平均气温气候态的空间分布基本一致,均表现为除青藏高原外,年平均温度由低纬度向高纬度递减（图 2.1a 和 b）。年平均温度最高值出现在撒哈拉沙漠西南部地区至东非,可以达到 32 ℃以上;次高值呈现在阿拉伯半岛南部地区、南亚地区和东南亚地区,年平均温度普遍介于 24～32 ℃之间;低值区存在于东北亚和青藏高原地区,最低值可低于－20 ℃。同时,40°N 附近及以北区域的气温分布出现西高东低的形势,即欧洲地区年平均温度较东北亚地区高。对于统计降尺度模式数据而言,多模式集合平均能够抓住"一带一路"主要区域年平均温度气候态的区域差异性,即多模式集合平均的年平均温度的空间分布与 GHCN-CAMS 和 CRU 两套观测数据基本一致(图 2.1)。比较而言,GHCN-CAMS 年平均温度在青藏高原明显低于 CRU 和多模式集合平均的年平均温度,而在阿拉伯半岛南部则更高。

从"一带一路"主要区域历史时期(1986—2005 年)年平均温度气候态的空间平均可以看出,多模式集合平均值与两套观测数据非常相近:GHCN-CAMS 为 12.69 ℃,CRU 为 12.60 ℃,多模式集合平均为 12.54 ℃ (图 2.2)。就单个模式而言,"一带一路"主要区域历史时期年平均温度气候态空间平均值模式间相差不

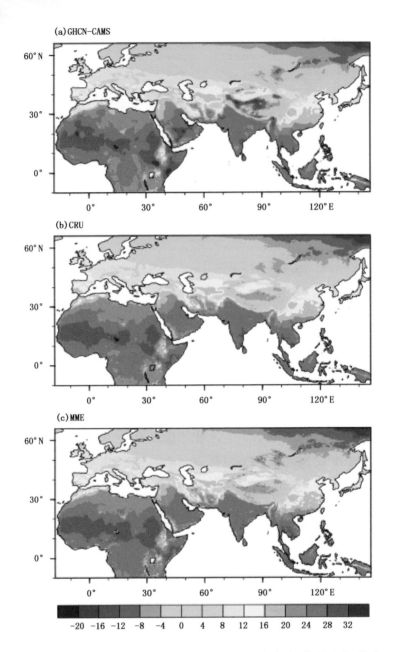

图 2.1　1986—2005 年"一带一路"主要区域年平均温度气候态的空间分布（单位：℃）

(a)GHCN-CAMS 观测；(b)CRU 观测；(c)多模式集合平均（MME）

多模式集合平均采用了 NEX-GDDP 的 18 个 CMIP5 全球模式降尺度数据

大（图 2.3）。单个模式最高值为 12.70 ℃，最小值为 12.35 ℃，与 GHCN-CAMS
和 CRU 的观测值都相差不多。这些结果表明，NEX-GDDP 全球降尺度数据能够比
较准确地模拟"一带一路"主要区域历史时期年平均温度气候态空间分布及平均值。

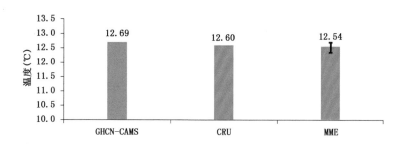

图 2.2 1986—2005 年"一带一路"主要区域年平均温度气候态的空间平均值比较(单位:℃):
GHCN-CAMS 和 CRU 观测与多模式集合平均 (MME)。多模式集合平均采用了 NEX-GDDP
的 18 个 CMIP5 全球模式降尺度数据,误差条表示单个模式最高与最低值范围

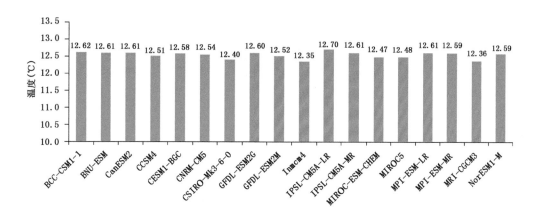

图 2.3 1986—2005 年"一带一路"主要区域 18 个 CMIP5 模式年平均温度气候态
空间平均值(单位:℃)。
模式信息在表 2.1 中列出,均采用 NEX-GDDP 全球模式降尺度数据

图 2.4 和图 2.5 给出了"一带一路"主要区域历史时期(1986—2005 年)两套观测资料与多模式集合平均的 1—12 月的月平均温度气候态的空间分布。总体而言,GHCN-CAMS 与 CRU 观测的"一带一路"主要区域每个月平均温度气候态空间分布与年平均温度相似。从 1 月到 12 月,除青藏高原外,GHCN-CAMS 和 CRU 两套观测数据的月平均温度气候态的空间分布均表现为从赤道低纬度地区向中高纬度地区递减。在数值上,热带及低纬度地区,温度季节变化相对较小,全年的月平均温度普遍都在 24 ℃ 以上;而在更北的地区温度随季节变化差异大(图 2.4 和图 2.5)。这些变化总体上反映了太阳辐射随纬度及季节的变化。多模式集合平均的"一带一路"主要区域历史时期月平均温度气候态与 GHCN-CAMS

和 CRU 两套观测数据的空间分布普遍表现出一致性(图 2.4 和图 2.5)。数值上,GHCN-CAMS 观测数据在青藏高原地区的月平均气温值要普遍低于 CRU 观测数据集和多模式集合平均的结果。

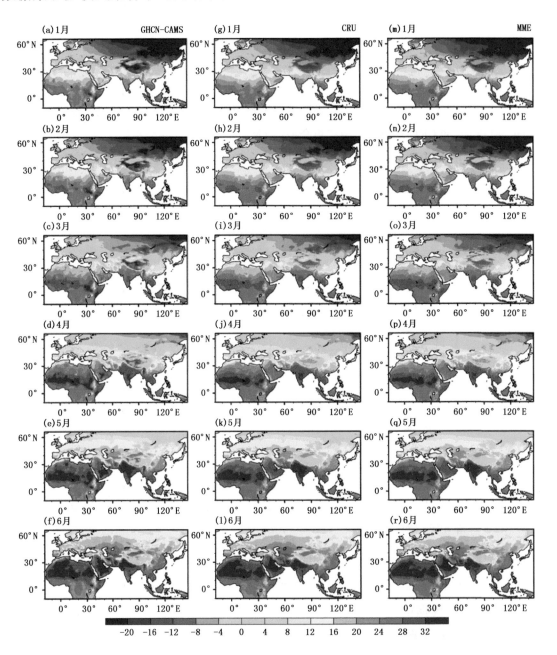

图 2.4　1986—2005 年"一带一路"主要区域 1—6 月的月平均温度气候态的空间分布(单位:℃)

(a)~(f):GHCN-CAMS 观测;(g)~(l):CRU 观测;(m)~(r):多模式集合平均(MME)

多模式集合平均采用了 NEX-GDDP 的 18 个 CMIP5 全球模式降尺度数据

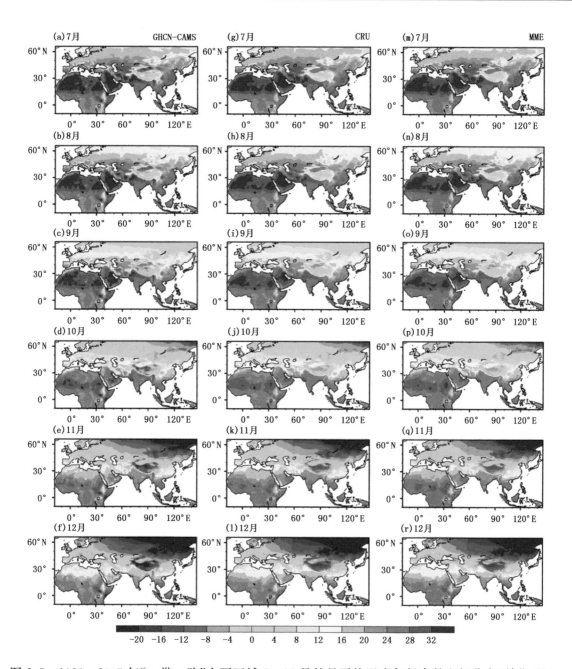

图 2.5 1986—2005 年"一带一路"主要区域 7—12 月的月平均温度气候态的空间分布(单位:℃)

(a)~(f):GHCN-CAMS 观测;(g)~(l):CRU 观测;(m)~(r):多模式集合平均(MME)

多模式集合平均采用了 NEX-GDDP 的 18 个 CMIP5 全球模式降尺度数据

  图 2.6 给出"一带一路"主要区域历史时期(1986—2005 年)观测与多模式集合平均的空间平均的温度年循环比较,以及多模式集合平均值与两套观测资料逐月差值。从图 2.6a 可以看出,GHCN-CAMS 和 CRU 两套观测资料与多模式集

合平均结果的温度年循环具有一致性,均反映出温度随太阳辐射的季节变化。图 2.6b显示,多模式集合平均值与两套观测数据数值上差异普遍不大,最大差别为 0.80 ℃,出现在 2 月与 GHCN-CAMS 的差值。6 月、7 月与 10 月差异最小,差值的绝对值均不超过 0.10 ℃。

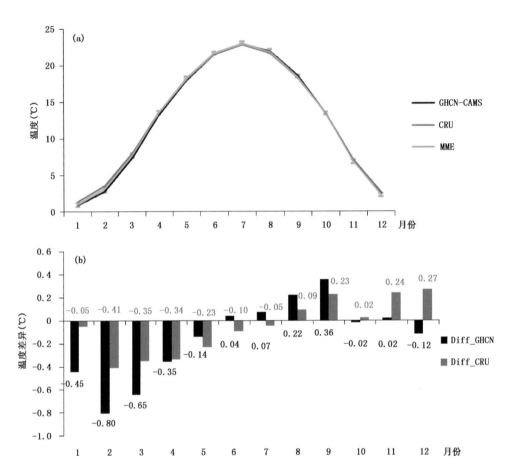

图 2.6　(a)1986—2005 年"一带一路"主要区域 GHCN-CAMS 和 CRU 观测与多模式集合平均(MME)月平均温度气候态的空间平均值比较(实线)及(b)多模式集合平均相对于两套观测资料的差值(柱状)(单位:℃)

多模式集合平均采用了 NEX-GDDP 的 18 个 CMIP5 全球模式降尺度数据,

图 2.6a 中的误差条表示单个模式最高与最低值范围

　　综上所述,与 GHCN-CAMS 和 CRU 两套观测资料比较,来自 NEX-GDDP 的 18 个 CMIP5 全球模式降尺度数据对"一带一路"主要区域历史时期年平均及月平均温度的空间分布、区域平均的年平均温度以及温度年循环均具有比较准确的模拟性能。

2.4 多模式降水结果评估

GHCN-CAMS 和 CRU 两套观测资料表明,"一带一路"主要区域历史时期 (1986—2005 年)年平均降水气候态的空间分布表现出明显的差异性(图 2.7a,b)。

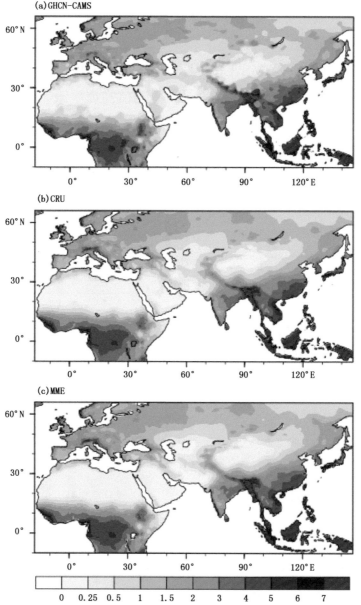

图 2.7 1986—2005 年"一带一路"主要区域年平均降水气候态的空间分布 (单位:mm/d)

(a)GHCN-CAMS 观测;(b)CRU 观测;(c)多模式集合平均(MME)

多模式集合平均采用了 NEX-GDDP 的 18 个 CMIP5 全球模式降尺度数据

两套观测数据一致显示,最大降水区域主要出现在东南亚的马来群岛以及南亚与东南亚交界区域;中南半岛、东亚季风区、除西北部以外的南亚地区以及非洲的赤道附近地区年降水量大;欧洲至东北亚一带年降水量次之;中国北方与蒙古国向西南经中亚与西亚至非洲撒哈拉大沙漠年降水量少,是世界上面积最大的干旱/半干旱带。与 GHCN-CAMS 和 CRU 观测相比较,多模式集合平均结果能够再现"一带一路"主要区域历史时期年平均降水气候态的空间分布,并能较好刻画出局地到区域的细节特征(图 2.7)。

图 2.8 显示 GHCN-CAMS、CRU 与多模式集合平均的"一带一路"主要区域历史时期(1986—2005 年)年均降水的空间平均值高度一致,分别为 1.79 mm/d,1.78 mm/d 和 1.79 mm/d。从单个模式降尺度结果来看,对"一带一路"主要区域历史时期年均降水的空间平均值模拟普遍一致性强(图 2.9)。模式间数值均在 1.74~1.82 mm/d 之间,最大相差 0.08 mm/d。这些结果表明,来自 NEX-GDDP

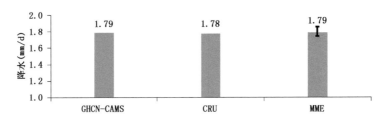

图 2.8 1986—2005 年"一带一路"主要区域年平均降水气候态的空间平均值比较
(单位:mm/d):GHCN-CAMS 和 CRU 观测与多模式集合平均（MME）
多模式集合平均采用了 NEX-GDDP 的 18 个 CMIP5 全球模式降尺度数据,
误差条表示单个模式最高与最低值范围

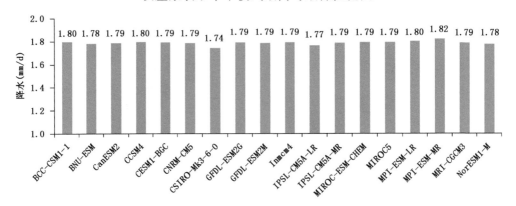

图 2.9 1986—2005 年"一带一路"主要区域 18 个 CMIP5 模式年平均降水气候态空间
平均值(单位:mm/d)
模式信息在表 2.1 中列出,均采用 NEX-GDDP 全球模式降尺度数据

的 18 个 CMIP5 全球模式降尺度数据的集合平均及单个模式降尺度结果对"一带一路"主要区域历史时期年平均降水气候态的空间分布以及空间平均值具有比较高的模拟性能。

图 2.10 和图 2.11 给出了"一带一路"主要区域历史时期(1986—2005 年)观

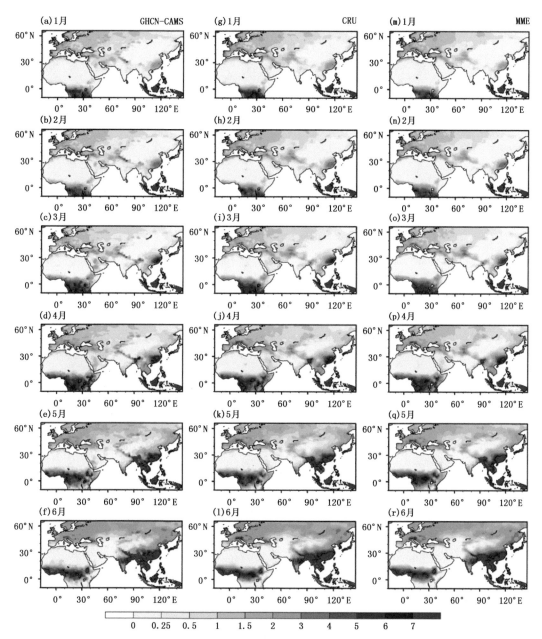

图 2.10 1986—2005 年"一带一路"主要区域 1—6 月的月平均降水气候态的空间分布(单位:mm/d)

(a)~(f):GHCN-CAMS 观测;(g)~(l):CRU 观测;(m)~(r):多模式集合平均(MME)

多模式集合平均采用了 NEX-GDDP 的 18 个 CMIP5 全球模式降尺度数据

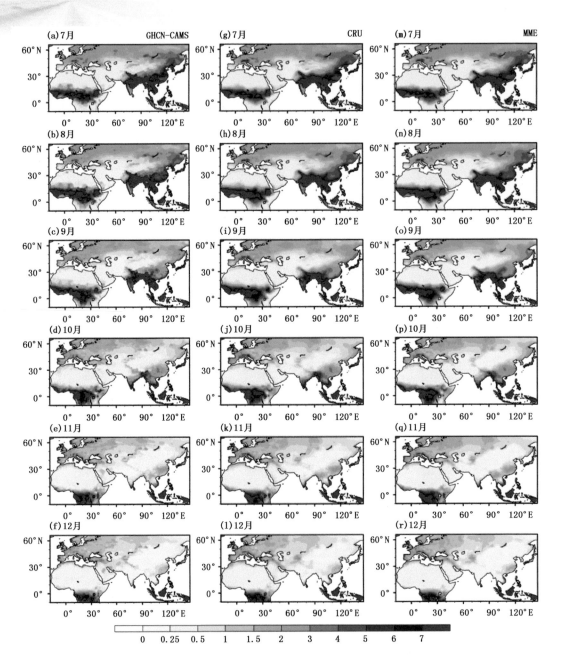

图 2.11　1986—2005 年"一带一路"主要区域 7—12 月的月平均降水气候态的空间分布（单位：mm/d）

（a）～（f）：GHCN-CAMS 观测；（g）～（l）：CRU 观测；（m）～（r）：多模式集合平均（MME）

多模式集合平均采用了 NEX-GDDP 的 18 个 CMIP5 全球模式降尺度数据

测与多模式集合平均的 1—12 月的月平均降水气候态的空间分布。GHCN-CAMS 和 CRU 观测数据显示，"一带一路"主要区域月平均降水气候态的空间分布型与年平均降水普遍相对比较一致，但在局地与次区域尺度上存在明显差异性,反映出不同地区降水的季节变化特征。例如,马来群岛属于热带雨林气候, 1—12 月的降水都比较多,季节差异性相对比较小;而在亚非季风区,夏季风雨季 的降水则远多于其他月份,季节对比性非常明显。与两套观测数据相比较,多模 式集合平均结果对各月降水气候态的空间分布以及局地到次区域尺度上降水的 季节变化都能够比较准确模拟。

就"一带一路"主要区域历史时期(1986—2005 年)降水空间平均的年循环而 言,GHCN-CAMS 与 CRU 两套观测资料显示季节变化明显,降水最多的 7 月和 8 月平均值是降水最少的 1 月和 2 月平均值的 2.5 倍还多(图 2.12a)。多模式集 合平均的结果与 GHCN-CAMS 和 CRU 观测降水年循环具有高度一致性,7 月和 8 月降水最多,1 月和 2 月最少。多模式集合平均值与两套观测资料的差别均在 ±0.07 mm/d,尤其是在 4 月、6 月与 10 月,绝对最大差值仅为 0.02 mm/d(图 2.12b)。这些差值相对于"一带一路"主要区域年平均降水的空间平均值(1.78~

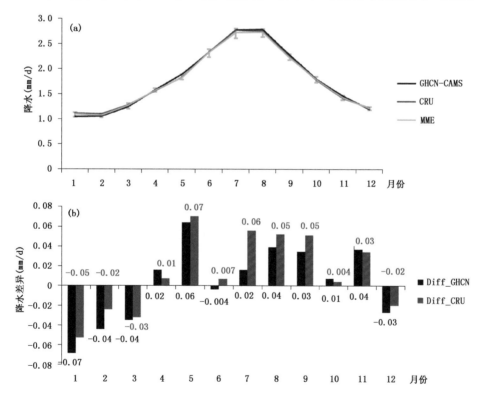

图 2.12 (a)1986—2005 年"一带一路"主要区域月平均降水气候态的空间平均值比较(实线)

及(b)多模式集合平均(MME)相对于两套观测资料的差值(柱状)(单位:mm/d)

多模式集合平均采用了 NEX-GDDP 的 18 个 CMIP5 全球模式降尺度数据,

图 2.12a 中的误差条表示单个模式最高与最低值范围

1.79 mm/d,图 2.8)都很小。

总结而言,NEX-GDDP 的 18 个 CMIP5 全球模式降尺度结果对"一带一路"主要区域历史时期(1986—2005 年)年平均及月平均降水气候态的空间分布、区域平均的年平均降水以及降水年循环的模拟与 GHCN-CAMS 和 CRU 两套观测资料差异较小,一致性高。

2.5 小结

本章采用 GHCN-CAMS 与 CRU 两套格点观测数据,检验与评估了来自 NEX-GDDP 的 18 个 CMIP5 全球模式统计降尺度数据对"一带一路"主要区域历史时期(1986—2005 年)气候的模拟能力。结果表明,18 个全球模式降尺度数据集合平均的"一带一路"主要区域历史时期年平均气温空间分布与两套观测数据呈现出高一致性:除青藏高原以外,普遍由低纬度向高纬度递减。同时,多模式集合平均的整个主要区域空间平均的年平均温度以及温度年循环均与两套观测资料差异较小。

就降水而言,18 个全球模式降尺度数据集合平均的"一带一路"主要区域历史时期年平均降水空间分布与两套观测数据一致性高,最大降水区域主要出现在东南亚的马来群岛以及南亚与东南亚交界区域,中国北方与蒙古国经中亚与西亚向西南延伸至非洲撒哈拉大沙漠的干旱/半干旱带上年降水量最少。多模式集合平均的整个区域空间平均的年平均降水以及降水年循环与观测数据比较吻合。

总结而言,与两套观测数据相比,来自 NEX-GDDP 的 18 个 CMIP5 全球模式降尺度数据的集合平均结果不仅很好地刻画了观测的历史时期气温和降水的气候态空间分布特征以及空间平均值,而且也很好地体现了观测数据气温和降水的年循环特征。历史时期的评估与检验表明,NEX-GDDP 的 18 个 CMIP5 全球模式降尺度数据的集合平均的预估结果能够被用来进一步分析"一带一路"主要区域未来气候变化的局地到区域尺度上的特征与关键变化区。

第 3 章

"一带一路"主要区域未来温度变化预估

3.1 引言

预测未来变化是气候变化研究中最重大的挑战之一,目前仍存在诸多不确定性,通常被称为气候变化预估。预估研究主要基于未来温室气体与气溶胶排放情景,采用全球气候系统/地球系统模式模拟方法,提供不同排放情景下未来的气候变化信息。未来温室气体排放情景通常需要根据对未来人口与人力资源变化、经济发展与技术进步状况、土地利用与环境条件等一系列假定获得。IPCC 第五次评估报告采用典型浓度路径(Representative Concentration pathways,RCPs)排放情景,从低到高依次为 RCP2.6、RCP4.5、RCP6.0 和 RCP8.5(IPCC,2014)。本研究聚焦在 RCP4.5 和 RCP8.5 两种未来情景预估,前者代表中等排放情景而后者代表高排放情景。目前的全球模式只能描述气候系统/地球系统的主要特征,单个模式预估存在很大的不确定性及改进空间。多模式集合平均(Multiple Model Ensemble,MME)能够有效降低模式引起的不确定性,因此我们采用 MME 方法预估"一带一路"主要区域未来气候变化。

地表温度与降水是表征气候系统的两个最基本变量。本章采用 NEX-GDDP 提供的 0.25°分辨率的 18 个 CMIP5 全球模式降尺度结果的多模式集合平均,预估了 RCP4.5 与 RCP8.5 两种排放情景下三个不同时期(2020—2039 年,2040—2059 年和 2080—2099 年)"一带一路"主要区域未来温度的变化特征。另外,还采用 GHCN-CAMS 观测数据的线性外推法对近期(2020—2039 年)、中期(2040—2059 年)、全球相对于工业革命前升温 1.5 ℃对应时间段(2030—2052 年)以及 21世纪 20—50 年代"一带一路"区域平均温度的变化进行了预估。同时,提供了未来不同时期温度变化的信度水平及模式间的不确定性。

3.2 数据与方法

本章主要采用 NEX-GDDP 提供的 18 个 CMIP5 全球模式降尺度数据集中的逐日的日最高、日最低温度资料(https://cds.nccs.nasa.gov/nex-gddp/),模式信息见表 2.1。时间段为历史时期(1986—2005 年)以及 RCP4.5 与 RCP8.5 两种排放情景下近期(2020—2039 年)、中期(2040—2059 年)以及远期(2080—2099 年)三个未来时期。日平均温度通过日最高温度和日最低温度的平均值计算得来。另外,我们还采用了 1960—2017 年的 GHCN-CAMS 温度观测数据(Fan et al.,2008)。

采用 NEX-GDDP 的 18 个 CMIP5 全球模式降尺度数据的集合平均(MME)来预估"一带一路"主要区域两种排放情景下未来三个时期的温度变化。用 t 检验对未来与历史阶段平均气温差异进行显著性检验,其有无显著性差异的统计量为:

$$t = \frac{\bar{x} - \bar{y}}{\sqrt{\dfrac{(n_1-1)s_1^2 + (n_2-1)s_2^2}{n_1 + n_2 - 2}}\sqrt{\dfrac{1}{n_1} + \dfrac{1}{n_2}}}$$

其中,$\bar{x}$ 和 $\bar{y}$ 可以分别代表 MME 每个格点上未来阶段和历史时期(1986—2005年)气温多年平均值,n_1 和 n_2 表示未来及历史时期的时间长度,这里均为 20 a,s_1^2 和 s_2^2 代表了未来阶段和历史时期在这 20 a 里的方差值。

对于不同模式引起的未来升温的不确定性,采用模式间的标准差来表示:

$$s = \sqrt{\frac{1}{n}\sum_{i=1}^{n}(x_i - \bar{x})^2}$$

其中,n 为模式个数,这里取 18,x_i 为每个格点上 MME 多年平均的气温,$\bar{x}$ 为 18 个模式在每个网格点上的平均值。s 表征了每个网格点上,18 个模式对于多年平均气温的模拟偏差。

另外,还使用 GHCN-CAMS 温度数据通过线性趋势外推预估"一带一路"主要区域空间平均的年平均温度的未来变化。线性外推法假设变量随时间是按照恒定的增长率变化,可以用来推断变量的未来变化。预估时间段包括 21 世纪20—50 年代以及全球相对于工业革命前升温 1.5 ℃对应的时间段(2030—2052年)(IPCC,2018)。为了降低观测资料不同起始时间的影响,我们采用 1960—2017 年、1970—2017 年、1980—2017 年、1990—2017 年和 2000—2017 年线性趋势外推预估的温度变化的平均值。

3.3　未来温度空间变化多模式集合预估

图 3.1 给出了 RCP4.5 和 RCP8.5 排放情景下,多模式集合平均预估的"一带一路"主要区域年平均温度近期(2020—2039 年)、中期(2040—2059 年)和远期(2080—2099 年)变化的空间分布。在 RCP4.5 和 RCP8.5 两种排放情景下,相对于历史时期(1986—2005 年),近期、中期和远期"一带一路"主要区域年平均温度的空间变化均表现为一致性增温,增温的空间分布较为相似。在两种情景下三个

未来时期,"一带一路"主要区域温度增幅普遍随着纬度增加,青藏高原表现为比同纬度地区增温更快。不管对于 RCP4.5 或 RCP8.5 的排放情景,在局地到次区域尺度上,从近期至中期到远期,年平均温度上升幅度都不断增强。例如在 RCP4.5 情景下,50°N 以北地区近期增温幅度在 1.5 ℃以下;在中期则普遍超过了 2.0 ℃;而在远期,增温幅度进一步加剧,可达 3 ℃以上。同一未来时期,"一带一路"主要区域年平均温度的上升幅度在 RCP8.5 情景下均明显高于在 RCP4.5 情景下的升幅。在 RCP8.5 情景下,到远期或 21 世纪末(2080—2099 年),低纬度地区增温幅度普遍在 3~5 ℃,30°N 以北的许多地区增温幅度超过 5 ℃,小部分面积的增温甚至超过 7 ℃。

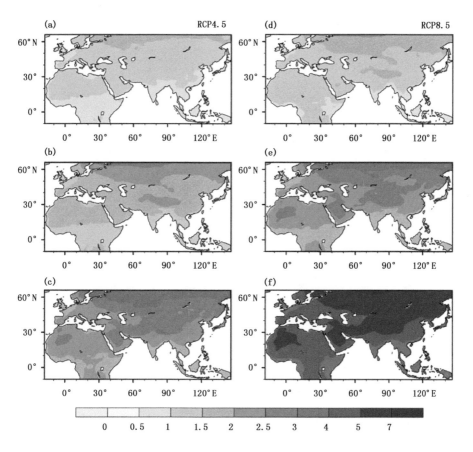

图 3.1 RCP4.5(左列)和 RCP8.5(右列)排放情景下,相对于历史时期(1986—2005 年),
"一带一路"主要区域未来年平均温度变化的空间分布(单位:℃)
(a),(d)近期(2020—2039 年);(b),(e)中期(2040—2059 年);(c),(f)远期(2080—2099 年)
均为 NEX-GDDP 的 18 个 CMIP5 全球模式降尺度结果的集合平均

图 3.2 表明,在 RCP4.5 与 RCP8.5 两种排放情景下,相对于历史时期
(1986—2005 年),"一带一路"主要区域年平均温度在近期、中期与远期(2020—
2039 年、2040—2059 年与 2080—2099 年)的变化普遍都通过了 99% 的信度检验。
比较分析显示,同一排放情景下,从近期至中期到远期,温度增暖的显著性不断提
高。同一未来时期,RCP8.5 情景下温度增暖比 RCP4.5 情景下更显著。我们计算
了 18 个 CMIP5 全球模式降尺度结果的 1 个标准差来表示未来温度变化的模式间
的不确定性(图 3.2)。在 RCP4.5 与 RCP8.5 两种情景下,近期、中期和远期"一带一
路"主要区域年平均温度模式间的标准差大致从南向北增加,大值区主要出现在欧

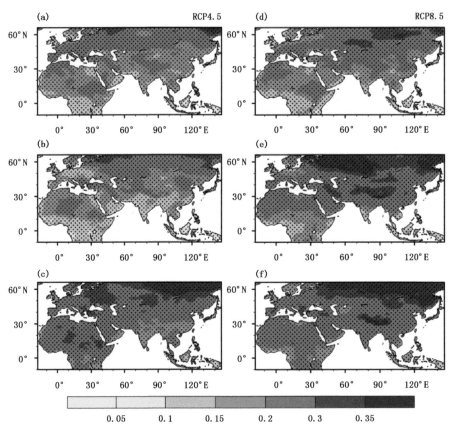

图 3.2 RCP4.5(左列)和 RCP8.5(右列)排放情景下,相对于历史时期(1986—2005 年),
"一带一路"主要区域年平均温度未来三个时期变化的信度水平及模式间的不确定性
(a),(d)近期(2020—2039 年);(b),(e)中期(2040—2059 年);(c),(f)远期(2080—2099 年)
均为 NEX-GDDP 的 18 个 CMIP5 全球模式降尺度结果的集合平均。打圆点区域表示通过了
99% 信度检验,由于格点过密(0.25°),图中圆点不与格点一一对应。模式间的不确定
性用 18 个模式温度变化的 1 个标准差表征(单位:℃)

亚中高纬度与青藏高原,表明这些地区未来年平均温度预估结果的不确定性较高,而低纬度地区模式间不确定性则普遍较低。同一未来时期,RCP8.5 情景下的不确定性比 RCP4.5 情景下更高,尤其是青藏高原与欧亚大陆纬度相对较高的地区。

图 3.3～图 3.5 给出了在 RCP4.5 情景下,相对于历史时期(1986—2005 年),各模式降尺度结果预估的近期(2020—2039 年)、中期(2040—2059 年)与远期

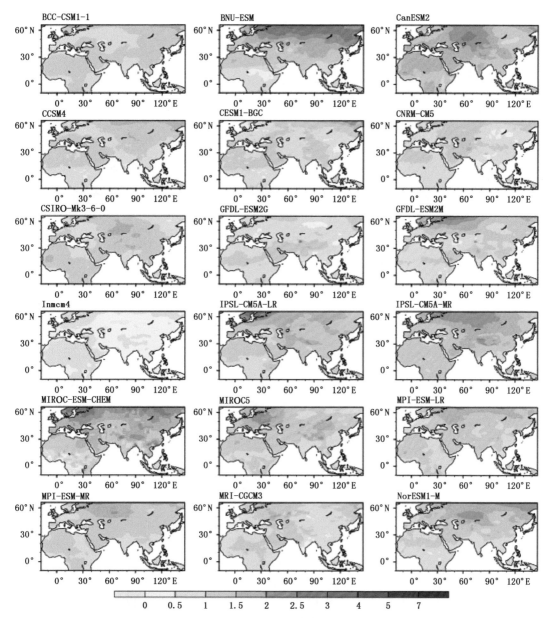

图 3.3 RCP4.5 情景下,相对于历史时期(1986—2005 年),单个模式降尺度结果预估的
近期(2020—2039 年)"一带一路"主要区域年平均温度变化的空间分布(单位:℃)
模式信息见表 2.1,分辨率均为 0.25°

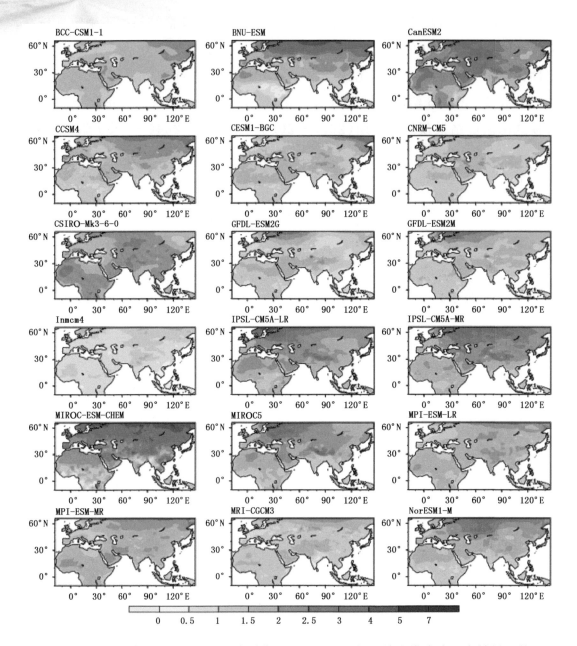

图 3.4　RCP4.5 情景下,相对于历史时期(1986—2005 年),单个模式降尺度结果预估的
中期(2040—2059 年)"一带一路"主要区域年平均温度变化的空间分布(单位:℃)
模式信息见表 2.1,分辨率均为 0.25°

(2080—2099 年)"一带一路"主要区域年平均温度变化的空间分布。在 RCP4.5
情景下未来三个时期,单个模式预估均在几乎所有面积上表现为增温,且普遍通
过了 99% 的信度检验,但增温的空间分布存在差异性。与多模式集合平均结果相
似,增温幅度随着时间推进而增大。在近期,大部分模式的增温普遍在 1.5 ℃以

下，BNU-ESM，CanESM2，MIROC-ESM-CHEM 等模式在较高纬度部分地区增温超过 2 ℃（图 3.3）。中期和远期模式预估结果与近期相似，但是增温幅度进一步加大（图 3.4，图 3.5）。

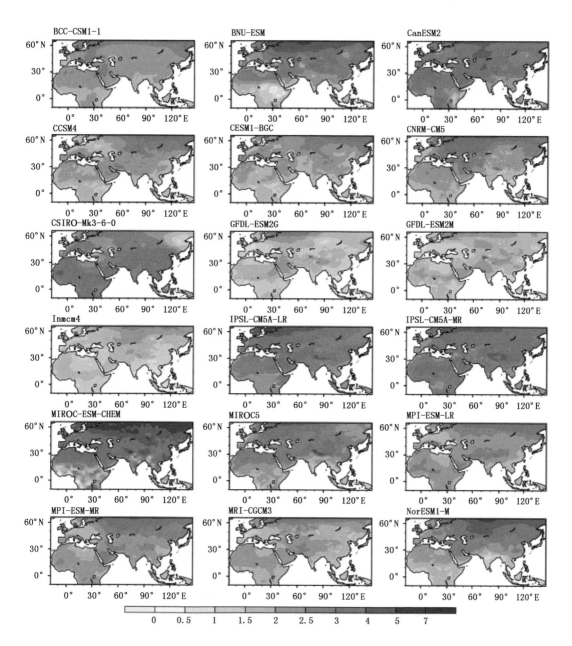

图 3.5　RCP4.5 情景下，相对于历史时期（1986—2005 年），单个模式降尺度结果预估的
远期（2080—2099 年）"一带一路"主要区域年平均温度变化的空间分布（单位：℃）

模式信息见表 2.1，分辨率均为 0.25°

图 3.6～图 3.8 显示了在 RCP8.5 情景下，相对于历史时期(1986—2005 年)，18 个模式降尺度结果预估的近期(2020—2039 年)、中期(2040—2059 年)与远期(2080—2099 年)"一带一路"主要区域年平均温度变化的空间分布。在 RCP8.5 情景下，相对于历史时期(1986—2005 年)，未来三个时期各个模式预估的"一带一路"主要地区温度变化的空间结构总体上与 RCP4.5 情景相似，均表现为增温，且

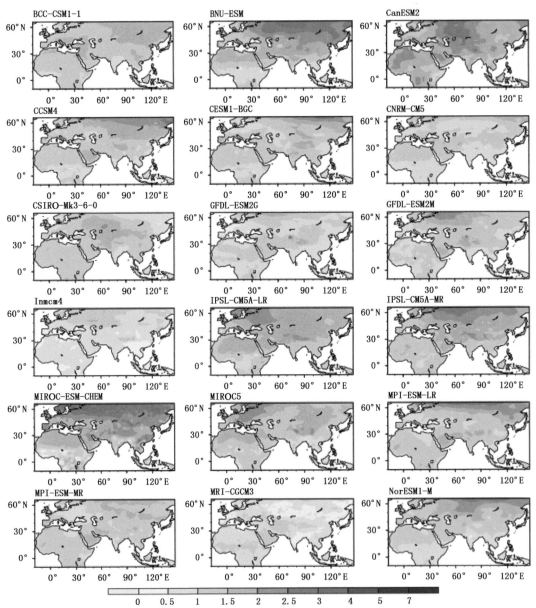

图 3.6　RCP8.5 情景下，相对于历史时期(1986—2005 年)，单个模式降尺度结果预估的
近期(2020—2039 年)"一带一路"主要区域年平均温度变化的空间分布(单位：℃)
模式信息见表 2.1，分辨率均为 0.25°

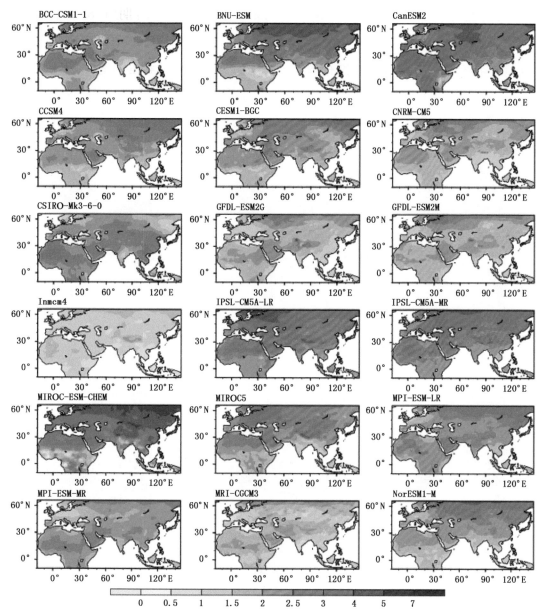

图 3.7 RCP8.5 情景下,相对于历史时期(1986—2005 年),单个模式降尺度结果预估的
中期(2040—2059 年)"一带一路"主要区域年平均温度变化的空间分布(单位:℃)
模式信息见表 2.1,分辨率均为 0.25°

增温幅度随着时间的推移而增大(图 3.6～图 3.8)。同时,RCP8.5 情景下增温的
显著性比 RCP4.5 情景更大。在近期,除了 BNU-ESM,CanESM2 和 MIROC-
ESM-CHEM 模式预估的增温幅度在部分地区超过 2.5 ℃以外,大部分模式预估
的增温在 2 ℃以下(图 3.6);中期大部分模式预估的增温幅度 2～6 ℃(图 3.7);远

期增温幅度持续加大,大部分模式预估的增温幅度 3~8 ℃(图 3.8)。其中在远期,BNU-ESM,CanESM2,IPSL-CM5A-LR,IPSL-CM5A-MR,MIROC-ESM-CHEM 等模式预估的增温幅度在较高纬度的部分地区甚至达到 9 ℃以上。在近期,RCP8.5 情景下增温幅度比 RCP4.5 大的不多,但从中期至远期,各个模式在高排放情景下的增温与中等排放情景下增温的幅度差异明显加大。

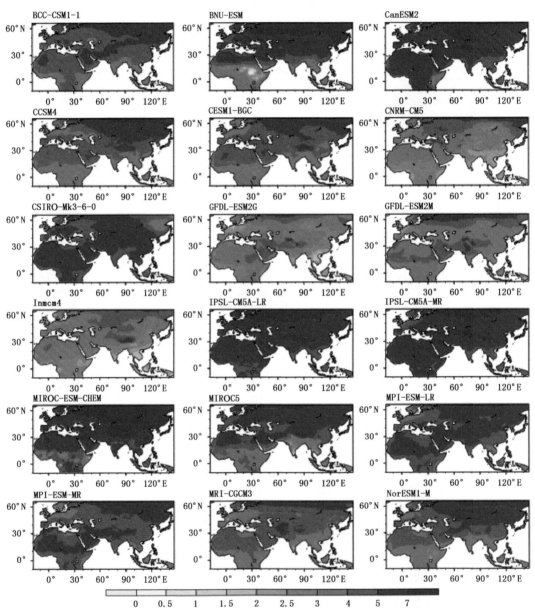

图 3.8　RCP8.5 情景下,相对于历史时期(1986—2005 年),单个模式降尺度结果预估的
远期(2080—2099 年)"一带一路"主要区域年平均温度变化的空间分布(单位:℃)
模式信息见表 2.1,分辨率均为 0.25°

　　图 3.9～图 3.12 展示了相对于历史时期(1986—2005 年),两种排放情景下多模式集合平均预估的"一带一路"主要区域近期(2020—2039 年)、中期(2040—2059 年)和远期(2080—2099 年)1—12 月平均温度变化的空间分布。总体而言,

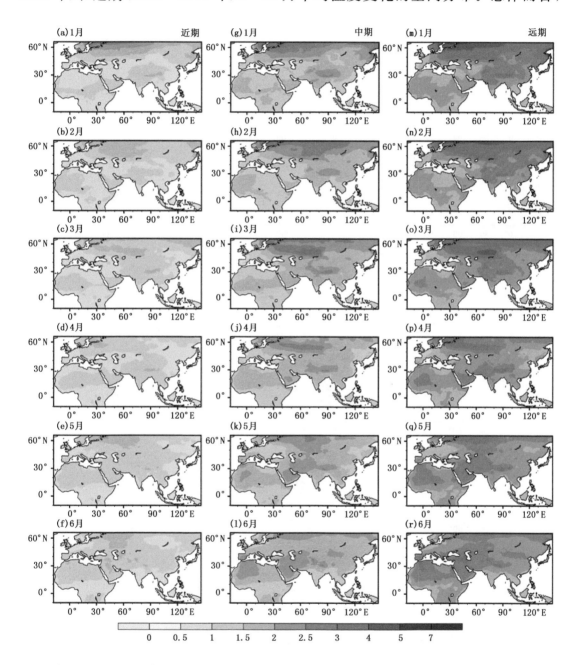

图 3.9　RCP4.5 情景下,相对于历史时期(1986—2005 年),多模式集合平均预估的

"一带一路"主要区域 1—6 月的月平均温度变化的空间分布(单位:℃)

(a)～(f)近期(2020—2039 年);(g)～(l)中期(2040—2059 年);(m)～(r)远期(2080—2099 年)

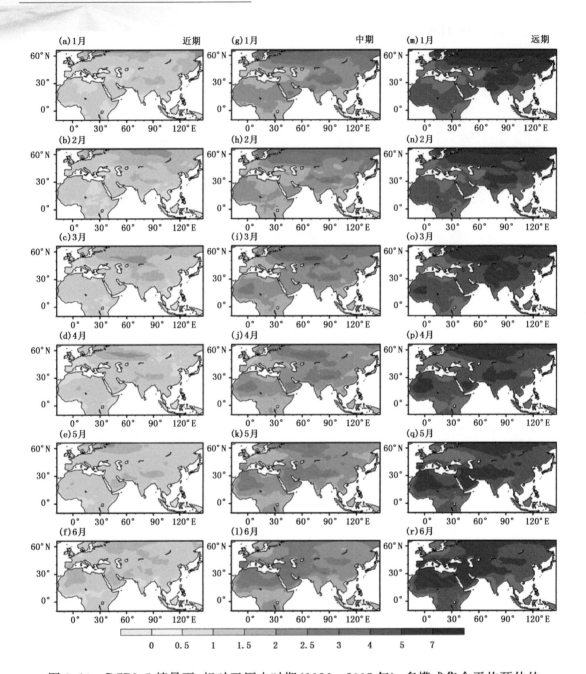

图 3.10　RCP8.5 情景下,相对于历史时期(1986—2005 年),多模式集合平均预估的
"一带一路"主要区域 1—6 月的月平均温度变化的空间分布(单位:℃)

(a)~(f)近期(2020—2039 年);(g)~(l)中期(2040—2059 年);(m)~(r)远期(2080—2099 年)

在 RCP4.5 和 RCP8.5 排放情景下,多模式集合平均预估的"一带一路"主要区域
月平均温度的增温幅度在空间分布上与年平均温度变化的分布相似,均为高纬度
地区增温高于低纬度地区(图 3.1 和图 3.9~图 3.12)。近期、中期和远期未来三

个时期的 1—12 月平均温度增温随着时间的推进而增大。在 RCP4.5 情景下,近期,欧亚中高纬度以及青藏高原经西亚至非洲北部地区的增温最大(图 3.9a~f和图 3.11a~f);中期,这些区域的增温持续加大,主要是在青藏高原和欧亚中高纬度,增温幅度超过 2.5 ℃(图 3.9g~l 和图 3.11g~l);到了远期,增温进一步加

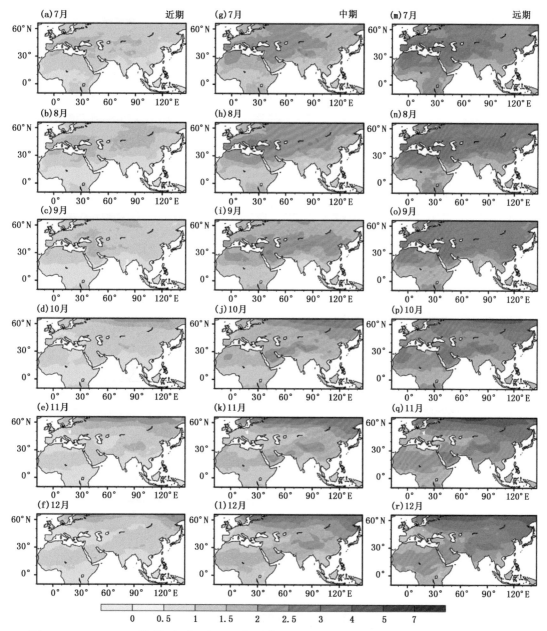

图 3.11 RCP4.5 情景下,相对于历史时期(1986—2005 年),多模式集合平均预估的
"一带一路"主要区域 7—12 月的月平均温度变化的空间分布(单位:℃)

(a)~(f)近期(2020—2039 年);(g)~(l)中期(2040—2059 年);(m)~(r)远期(2080—2099 年)

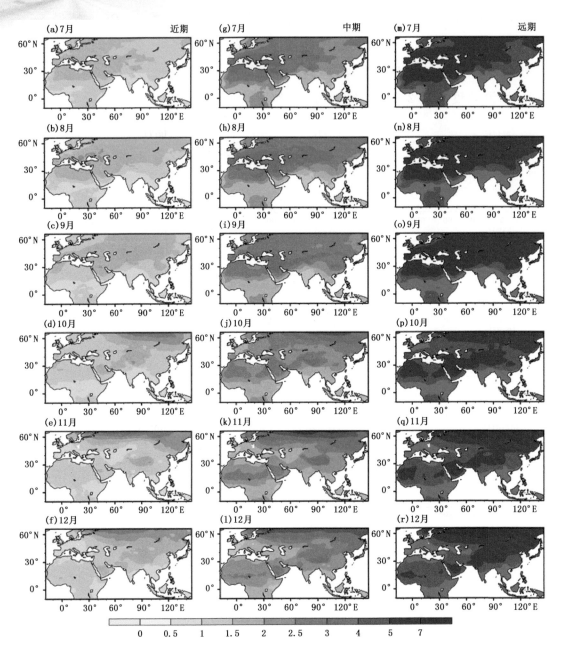

图 3.12 RCP8.5 情景下,相对于历史时期(1986—2005 年),多模式集合平均预估的

"一带一路"主要区域 7—12 月的月平均温度变化的空间分布(单位:℃)

(a)~(f)近期(2020—2039 年);(g)~(l)中期(2040—2059 年);

(m)~(r)远期(2080—2099 年)

大,甚至欧亚大陆大部分地区月平均温度的增幅均超过 3 ℃(图 3.9m~r 和图

3.11m~r)。在 RCP8.5 情景下,未来三个时段月平均温度变化的空间分布与

RCP4.5 情景的相似,增幅数值上比 RCP4.5 情景的大(图 3.9～图 3.12),尤其是在远期,较高纬度的部分地区甚至可以达到 9 ℃以上。

3.4 区域平均未来温度变化多模式集合预估

图 3.13 给出了 RCP4.5 和 RCP8.5 情景下,相对于历史时期(1986—2005 年),多模式集合预估的"一带一路"主要区域年平均温度的空间平均值近期 (2020—2039 年)、中期(2040—2059 年)和远期(2080—2099 年)的变化。在 RCP4.5 与 RCP8.5 情景下,相对于历史时期(1986—2005 年),"一带一路"主要区域年平均温度的空间平均值近期、中期和远期均表现为显著的增温趋势。在 RCP4.5 情景下,"一带一路"主要区域增温幅度分别为 1.16 ℃,1.79 ℃和 2.46 ℃ (99%信度水平以上)。相比于 RCP4.5 情景,RCP8.5 情景下的增温幅度更高,分别为 1.33 ℃,2.38 ℃和 4.91 ℃(99%信度水平以上)。在 RCP4.5 情景下,"一带一路"主要区域增温幅度近期、中期和远期模式间的标准差分别为 0.28 ℃, 0.39 ℃和 0.52 ℃;在 RCP8.5 情景下,分别为 0.32 ℃,0.52 ℃和 0.99 ℃ (图 3.13)。可以看出,同一排放情景下,未来三个时段模式间的不确定性随着时间的推进而增大。同一未来时期,在 RCP8.5 情景下模式间不确定性较 RCP4.5 情景下更大。

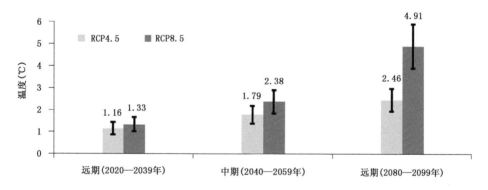

图 3.13 RCP4.5 和 RCP8.5 两种排放情景下,相对于历史时期(1986—2005 年),"一带一路" 主要区域年平均温度的空间平均值近期(2020—2039 年)、中期(2040—2059 年)和 远期(2080—2099 年)的变化(单位:℃)

均为 NEX-GDDP 的 18 个 CMIP5 全球模式降尺度结果的集合平均。全部数值通过了 99% 信度检验,误差条表示上下一个模式间标准差

　　图 3.14 和图 3.15 给出了 RCP4.5 和 RCP8.5 情景下,相对于历史时期
(1986—2005 年),单个模式预估的"一带一路"主要区域空间平均的年平均温度
近期(2020—2039 年)、中期(2040—2059 年)和远期(2080—2099 年)变化幅度及
其与多模式集合平均变化的均值差异。就单个模式降尺度结果而言,"一带一路"
主要区域年平均温度空间平均值的变化与多模式集合平均结果相似:相较于历史
时期,两种情景下的未来三个时期均表现为一致性的明显增温;在同一情景下,增
温幅度随时间向前推进而变大;在同一未来时期,RCP8.5 情景下增温比 RCP4.5
更强(图 3.14a 和图 3.15a)。两种情景下三个时期,普遍比多模式集合结果偏高
的模式包括 BNU-ESM,CanESM2,IPSL-CM5A-LR,IPSL-CM5A-MR 与 MI-
ROC-ESM-CHEM,而普遍偏低的模式有 GFDL-ESM2G,GFDL-ESM2M 与 In-
mcm4(图 3.14b 和图 3.15b)。其余模式结果与多模式集合结果相对比较接近。

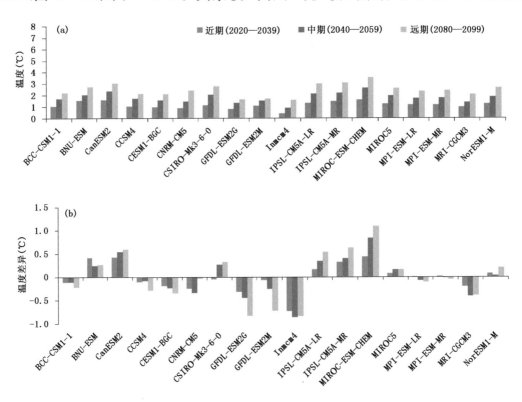

　　图 3.14　RCP4.5 情景下,(a)相对于历史时期(1986—2005 年),NEX-GDDP 的 18 个 CMIP5
全球模式降尺度结果单个模式预估的"一带一路"主要区域空间平均的年平均温度近期
(2020—2039 年)、中期(2040—2059 年)和远期(2080—2099 年)的变化(单位:℃)及
(b)其与多模式集合平均值差异
模式信息见表 2.1,均为分辨率为 0.25°的降尺度数据

同一排放情景下,单个模式与多模式集合平均结果的差异普遍在远期最高。同一未来时期,RCP8.5 高排放情景下比 RCP4.5 中等排放情景的差异普遍更大。在 RCP4.5 中等排放情景下,单个模式与多模式集合平均结果的差异均在-0.8～1.1 ℃之间;而在 RCP8.5 高排放情景下,差异则介于-1.54～2.1 ℃之间(图 3.14b 和图 3.15b)。

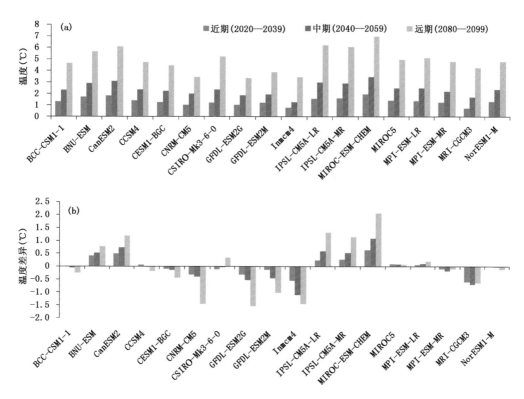

图 3.15　RCP8.5 情景下,(a)相对于历史时期(1986—2005 年),NEX-GDDP 的 18 个 CMIP5 全球模式降尺度结果单个模式预估的"一带一路"主要区域空间平均的年平均温度近期 (2020—2039 年)、中期(2040—2059 年)和远期(2080—2099 年)的变化(单位:℃)及 (b)其与多模式集合平均值差异 模式信息见表 2.1,均为分辨率为 0.25°的降尺度数据

　　图 3.16 和图 3.17 显示了 RCP4.5 和 RCP8.5 情景下,多模式集合平均的历史时期(1986—2005 年)、近期(2020—2039 年)、中期(2040—2059 年)和远期(2080—2099 年)"一带一路"主要区域空间平均的 1—12 月平均温度。在两种情景下,未来三个时期"一带一路"主要区域温度年循环的分布型与其历史时期的分布型较为一致,但在数值上均大于历史时期,表现出明显增暖。历史时期与两种排放情景下,月平均温度最高均出现在 7 月,最低均出现在 1 月。

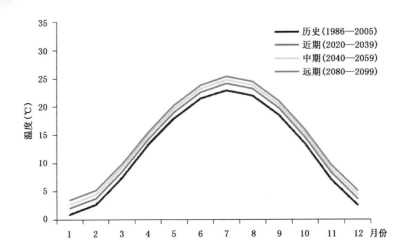

图 3.16 RCP4.5 排放情景下,NEX-GDDP 的 18 个 CMIP5 全球模式降尺度结果集合
平均的历史时期(1986—2005 年)、近期(2020—2039 年)、中期(2040—2059 年)和远期
(2080—2099 年)"一带一路"主要区域空间平均的 1—12 月平均温度(单位:℃)

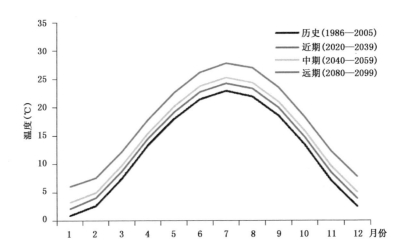

图 3.17 RCP8.5 情景下,NEX-GDDP 的 18 个 CMIP5 全球模式降尺度结果集合
平均的历史时期(1986—2005 年)、近期(2020—2039 年)、中期(2040—2059 年)和远期
(2080—2099 年)"一带一路"主要区域空间平均的 1—12 月平均温度(单位:℃)

图 3.18 和图 3.19 给出了 RCP4.5 和 RCP8.5 情景下,相对于历史时期
(1986—2005 年),多模式集合预估的近期(2020—2039 年)、中期(2040—2059 年)
和远期(2080—2099 年)"一带一路"主要区域空间平均的 1—12 月平均温度值的
变化。同一排放情景下,1—12 月平均温度相对于历史时期(1986—2005 年)的增

温幅度随着时间的推移而增加:远期增温最大,中期次之,近期最小。同一未来时期,RCP8.5 情景下的增温比 RCP4.5 情景更大。在 RCP4.5 情景下的近期,各个月平均温度最大的增温出现在 11 月(1.26 ℃),最小的在 4 月(1.03 ℃),最大与最小的增温差值仅为 0.23 ℃(图 3.18)。中期和远期,增温最大的均在 12 月(1.84 ℃和 2.59 ℃),最大与最小增温的差值在 0.3 ℃以下。在 RCP8.5 高排放情景下,未来三个时段的增温幅度进一步加大(图 3.19)。一般而言,在同一情景下的同一未来时期,各个月增温幅度的差异都不大。

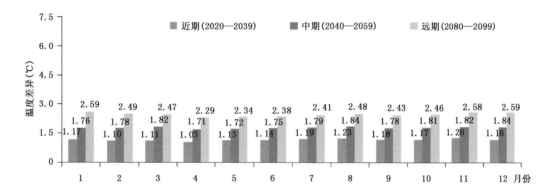

图 3.18　RCP4.5 排放情景下,相对于历史时期(1986—2005 年),"一带一路"主要区域空间平均的 1—12 月平均温度近期(2020—2039 年)、中期(2040—2059 年)和远期(2080—2099 年)的变化（单位:℃）

均为 NEX-GDDP 的 18 个 CMIP5 全球模式降尺度结果集合平均

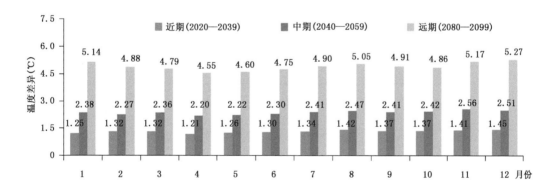

图 3.19　RCP8.5 情景下,相对于历史时期(1986—2005 年),"一带一路"主要区域空间平均的 1—12 月平均温度近期(2020—2039 年)、中期(2040—2059 年)和远期(2080—2099 年)的变化（单位:℃）

均为 NEX-GDDP 的 18 个 CMIP5 全球模式降尺度结果集合平均

3.5　区域平均未来温度变化线性趋势外推法预估

图 3.20 显示,1960—2017 年"一带一路"主要区域空间平均的年平均温度不断上升。1960—2017 年、1970—2017 年、1980—2017 年、1990—2017 年及 2000—2017 年的线性趋势分别为 0.30 ℃/10a,0.36 ℃/10a,0.39 ℃/10a,0.37 ℃/10a,0.31 ℃/10a。这些不同起点的温度线性增长率均在 0.3～0.4 ℃/10a,表明"一带一路"主要区域增温速率在 1960—2017 年间相对比较稳定。进一步采用线性趋势外推法对"一带一路"主要区域未来不同时期进行了预估。为了降低不同起点引起的不确定性,我们分别以 1960—2017 年、1970—2017 年、1980—2017 年、1990—2017 年与 2000—2017 年的增长率预估 2018—2059 年"一带一路"主要区域的年平均温度并进一步将不同起点的预估结果进行集合平均。

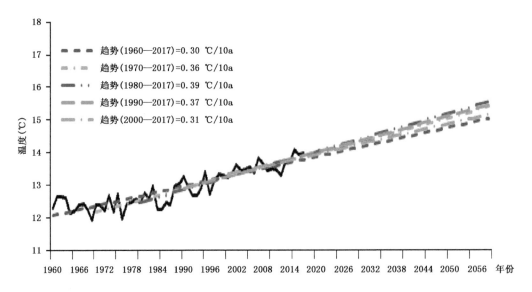

图 3.20　"一带一路"主要区域空间平均的年平均温度及其线性外推预估
采用 GHCN-CAMS 观测数据,虚线分别代表 1960—2017 年、1970—2017 年、1980—2017 年、1990—2017 年及 2000—2017 年的线性趋势及外推至 2059 年的温度值

图 3.21 显示了相对于历史时期(1986—2005 年),观测数据线性外推预估的近期(2020—2039 年)、中期(2040—2059 年)和全球相对于工业革命前升温1.5 ℃对应的时段(2030—2052 年)"一带一路"主要区域空间平均的年平均温度的变化及其误差范围。相对于历史时期,未来近期与中期"一带一路"主要区域空间平均

的年平均温度升温幅度为 1.20 ℃和 1.89 ℃。与 NEX-GDDP 的 18 个 CMIP5 全球模式降尺度结果的集合平均预估相比较,观测数据线性外推的近期与中期升温幅度要高于 RCP4.5 情景下相应时段的升温幅度(1.16 ℃和 1.79 ℃,图 3.13),而低于 RCP8.5 情景下的升温幅度(1.33 ℃和 2.38 ℃,图 3.13)。在全球相对于工业革命前升温 1.5 ℃对应的时间段(2030—2052 年),观测数据线性外推预估的升温幅度为 1.60 ℃。在近期、中期和全球相对于工业革命前升温 1.5 ℃(2030—2052 年)的三个时段内,线性外推的误差范围普遍不大。

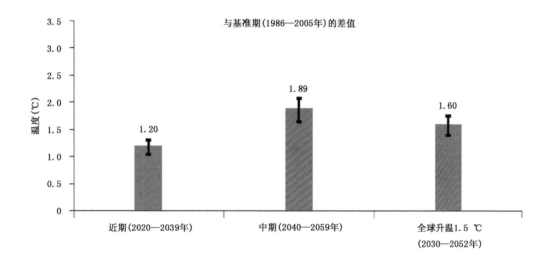

图 3.21　相对于历史时期(1986—2005 年),观测数据线性外推预估的近期(2020—2039 年)、中期(2040—2059 年)和全球相对于工业革命前升温 1.5 ℃对应的时段(2030—2052 年)

"一带一路"主要区域空间平均的年平均温度变化及其误差范围

采用 GHCN-CAMS 的观测数据,误差条表示以 1960—2017 年、1970—2017 年、1980—2017 年、1990—2017 年、2000—2017 年的增长率线性外推的温度变化最大最小值差异范围

图 3.22 显示,相对于历史时期(1986—2005 年),线性外推法预估的"一带一路"主要区域空间平均的年平均温度在 21 世纪 20 年代、30 年代、40 年代与 50 年代不断上升,增幅分别为 1.03 ℃、1.39 ℃、1.74 ℃和 2.09 ℃。21 世纪 50 年代的升温幅度大约为 21 世纪 20 年代升温幅度的 2 倍。21 世纪 20—50 年代温度变化的误差范围均不大,但随着时间推移不断增长。

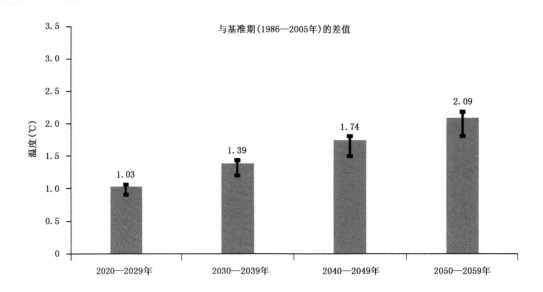

图 3.22　相对于历史时期(1986—2005 年),观测数据线性外推预估的 21 世纪 20 年代
(2020—2029 年)、30 年代(2030—2039 年)、40 年代(2040—2049 年)与 50 年代
(2050—2059 年)"一带一路"主要区域空间平均的年平均温度变化及其误差范围
采用 GHCN-CAMS 的观测数据,误差条表示以 1960—2017 年、1970—2017 年、1980—2017 年、
1990—2017 年、2000—2017 年的增长率线性外推的温度变化最大最小值差异范围

3.6　小结

　　本章主要采用 NEX-GDDP 的 18 个 CMIP5 全球模式降尺度结果的集合平均
对 RCP4.5 与 RCP8.5 两种排放情景下"一带一路"主要区域未来三个时期
(2020—2039 年,2040—2059 年与 2080—2099 年)温度变化进行了预估。另外,
还利用 GHCN-CAMS 观测的线性外推预估了 21 世纪 20 年代(2020—2029 年)
至 50 年代(2050—2059 年)以及全球相对于工业革命前升温 1.5 ℃ 对应的时间段
(2030—2052 年),"一带一路"主要区域年平均温度的空间平均值的变化。

　　NEX-GDDP 的 18 个全球模式降尺度结果的集合平均(或简称为多模式集合
平均)预估结果表明,相对于历史时期(1986—2005 年),RCP4.5 和 RCP8.5 两种
排放情景下"一带一路"主要区域年平均温度在未来三个时期的空间变化均表现
为一致性的显著增温(99% 信度水平以上),且高纬度地区的增温幅度普遍明显
高于低纬度地区(青藏高原除外)。在同一排放情景下,"一带一路"主要区域未

来增温幅度从近期(2020—2039 年)到中期(2040—2059 年),再到远期(2080—2099 年)不断加强。同一未来时期,RCP8.5 情景下的增温幅度在数值上要明显大于 RCP4.5 情景下的增温。预估远期或 21 世纪末,在 RCP8.5 情景下,"一带一路"主要区域 30°N 以北许多地区增温幅度将超过 5 ℃。在 RCP4.5 与 RCP8.5 两种情景下,"一带一路"主要区域未来三个时期的温度变化的模式间不确定性由低纬向高纬增加,不确定性较高的区域主要位于欧亚中高纬度地区与青藏高原。

NEX-GDDP 的 18 个 CMIP5 全球模式降尺度结果的集合平均预估表明,在 RCP4.5 和 RCP8.5 两种排放情景下,"一带一路"主要区域年平均温度空间平均值在未来三个时期均表现出明显增温趋势,且增温幅度随着时间的推进而增大。在 RCP4.5 情景下,相较于历史时期(1986—2005 年),"一带一路"主要区域近期,中期与远期增温幅度分别为 1.16 ℃,1.79 ℃和 2.46 ℃(99%信度水平以上),温度变化的模式间不确定性分别为 0.28 ℃,0.39 ℃和 0.52 ℃(上下一个标准差)。比较而言,RCP8.5 情景下,增温幅度比 RCP4.5 情景下明显更大,近期、中期与远期温度分别增加 1.33 ℃,2.38 ℃和 4.91 ℃(99%信度水平以上);温度变化的不确定性也进一步增加,分别为 0.32 ℃,0.52 ℃和 0.99 ℃。

在 RCP4.5 和 RCP8.5 两种排放情景下,"一带一路"主要区域三个未来时期(2020—2039 年,2040—2059 年与 2080—2099 年)空间平均的温度年循环的分布型与历史时期(1986—2005 年)一致,最高温度出现在 7 月,最低温度出现在 1 月。同一排放情景下,相对于历史时期(1986—2005 年),1—12 月温度从近期至中期到远期不断增加,各月增温幅度差异较小。同一未来时期,1—12 月温度增幅在 RCP8.5 情景下均比在 RCP4.5 情景下更大。

利用观测数据的线性外推法分别以 1960—2017 年、1970—2017 年、1980—2017 年、1990—2017 年与 2000—2017 年"一带一路"主要区域年平均温度的空间平均值的增长率预估了近期(2020—2039 年)、中期(2040—2059 年)、全球相对于工业革命前升温 1.5 ℃对应时间段(2030—2052 年)以及 21 世纪 20—50 年代温度变化。观测数据线性外推预估的"一带一路"主要区域年平均温度空间平均值在近期(2020—2039 年)和中期(2040—2059 年)比历史时期(1986—2005 年)分别上升 1.20 ℃和 1.89 ℃,增温幅度比多模式集合平均预估的 RCP4.5 情景下更大,但比 RCP8.5 情景下更小。在全球相对于工业革命前升温 1.5 ℃对应时间段,预计"一带一路"主要区域年平均温度空间平均值比历史时期增加 1.60 ℃。观测数据线性外推预估 21 世纪 20 年代(2020—2029 年)、30 年代(2030—2039 年)、40 年代(2040—2049 年)与 50 年代(2050—2059 年)比历史时期将分别增温 1.03 ℃,1.39 ℃,1.74 ℃ 与 2.09 ℃。利用观测数据从不同起点(1960 年,1970 年,1980 年,1990 年与 2000 年)开始预估,各未来时期增温幅度存在差异,但一般不大。

第4章

"一带一路"主要区域未来降水
变化预估

一带一路

4.1 引言

由于受到高度复杂、非线性的自然与人为过程及其相互作用的影响,"一带一路"主要区域降水的空间分布具有很强的局地特征与不均匀性,既有降水极端缺乏的撒哈拉大沙漠以及欧亚大陆腹地的干旱/半干旱带,也包括年降水量超过 2000 mm 的南亚东北部、马来群岛等地区。最近几十年,"一带一路"主要区域深受与降水相关灾害的影响,对人类与自然系统都造成了重大损失(张井勇等,2018)。目前,全球模式对降水的历史时期模拟与未来预估比对温度的模拟与预估存在更大的不确定性(IPCC,2013)。

本章采用来自 NEX-GDDP 的 18 个 CMIP5 全球模式降尺度数据的多模式集合平均(MME),对 RCP4.5 与 RCP8.5 两种排放情景下未来不同时期包括 2020—2039 年、2040—2059 年与 2080—2099 年"一带一路"主要区域降水变化进行了预估,并给出了信度与模式间的不确定性。典型浓度路径 RCP4.5 代表中等排放情景,而 RCP8.5 则为高排放情景。本章与第 3 章提供了对"一带一路"主要区域降水与温度两个最基本气候系统变量未来不同时期的系统预估。

4.2 数据与方法

本章采用了 NEX-GDDP 的 18 个 CMIP5 全球模式降尺度逐日降水数据(https://cds.nccs.nasa.gov/nex-gddp/),分辨率为 0.25°或大约 25 km,较为详细的数据说明可见第 2 章数据与方法部分。时间段包括 1986—2005 年,即历史时期,以及 RCP4.5 与 RCP8.5 两种排放情景下三个不同未来时期,包括近期(2020—2039 年)、中期(2040—2059 年)与远期(2080—2099 年)。

NEX-GDDP 的 18 个 CMIP5 全球模式降尺度数据的集合平均方法被用来预估"一带一路"主要区域两种排放情景下三个未来时期相对于历史时期的降水变化。对未来降水变化的显著性检验采取了 t 检验,以及用模式间的标准差来表征降水变化不确定性。更详细的方法说明可参见第 3 章的数据与方法部分。

4.3 未来降水空间变化多模式集合预估

图 4.1 给出了 RCP4.5 和 RCP8.5 两种排放情景下,多模式集合平均预估的"一带一路"主要区域年平均降水近期(2020—2039 年)、中期(2040—2059 年)和远期(2080—2099 年)变化的空间分布。在 RCP4.5 和 RCP8.5 两种情景下,相对于历史时期(1986—2005 年),近期、中期和远期"一带一路"主要区域年平均降水变化的空间分布较为一致,即除了地中海地区与西亚的部分地区以及西非的少部分面积外,大部分地区的年平均降水增加,且降水量多的地区,未来降水增加的幅

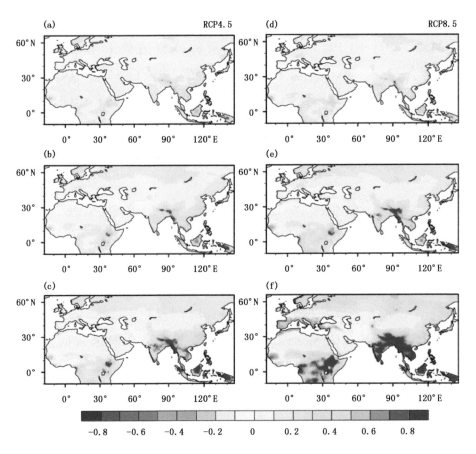

图 4.1 RCP4.5(左列)和 RCP8.5(右列)排放情景下,相对于历史时期(1986—2005 年),

"一带一路"主要区域未来三个时期年平均降水量变化的空间分布(单位:mm/d)

(a),(d)近期(2020—2039 年);(b),(e)中期(2040—2059 年);(c),(f)远期(2080—2099 年)

均为 NEX-GDDP 的 18 个 CMIP5 全球模式降尺度结果的集合平均

度也较大(图 4.1)。不管对于 RCP4.5 或 RCP8.5 的排放情景,从近期到中期再到远期,年平均降水变化幅度都不断增强,且变化信号比较一致。比如在 RCP8.5 排放情景下,相对于历史时期,近期"一带一路"主要区域大部分地区年平均降水量的增幅在 0.3 mm/d 以下(图 4.1d);至中期时,亚非雨林区与季风区以及欧亚大陆较高纬度地区的降水量增幅持续增加,少部分面积增幅甚至超过 0.8 mm/d (图 4.1e);到了远期,亚非雨林区与季风区和较高纬度地区的增幅进一步加大,青藏高原南麓地区、除西北部以外的南亚地区、东南亚许多面积以及赤道附近非洲的不少地区年平均降水量增幅都超过了 0.8 mm/d(图 4.1f)。同一未来时期,"一带一路"主要区域年平均降水量的变化幅度在 RCP8.5 情景下总体上均大于 RCP4.5 情景(图 4.1)。未来"一带一路"主要区域年平均降水量的干湿对比将更加明显,尤其是在 RCP8.5 排放情景下的远期(2080—2099 年):在年降水量大的亚非雨林区与亚非季风区,降水增幅最大;而在从中国北方与蒙古国经过中亚与西亚至北非的世界上最大的干旱/半干旱带,降水增幅小或者降低;导致亚非雨林及季风区与亚非干旱/半干旱带的降水差异更大。

图 4.2 给出 RCP4.5 与 RCP8.5 两种排放情景下,相对于历史时期(1986—2005 年),预估的"一带一路"主要区域年平均降水量在近期、中期与远期(2020—2039 年,2040—2059 年与 2080—2099 年)变化的信度及模式间不确定性。在同一排放情景,超过 95% 信度水平的面积从近期至远期不断增加。同一未来时期,超过 95% 信度水平的面积在 RCP8.5 情景下比 RCP4.5 更大。一般而言,从中国北方与蒙古国经过中亚与西亚至北非的干旱/半干旱带年平均降水量的显著性比其他地区更低。比较而言,在 RCP8.5 情景下 2080—2099 年,降水量变化的显著性最强:除一部分干旱/半干旱地区以外其他区域显著性普遍均超过了 95% 的信度水平。

我们计算了 18 个 CMIP5 全球模式降尺度结果的未来降水变化的一个标准差,用来表示模式间的不确定性(图 4.2)。在 RCP4.5 与 RCP8.5 两种情景下,近期、中期和远期(2020—2039 年,2040—2059 年与 2080—2099 年)"一带一路"主要区域年平均降水模式间的标准差大致随年降水量的增加而增大:在降水量大的中国东南部、青藏高原南麓、东南亚、南亚(除西北部地区)以及赤道附近非洲模式间不确定性最大;欧洲至东北亚一带次之;中间的亚非干旱/半干旱带最小。在同一排放情景,局地到次区域的降水变化模式间不确定性随时间向前推移而增加。同一未来时期,RCP8.5 情景下的不确定性比 RCP4.5 情景更高,尤其是年平均降

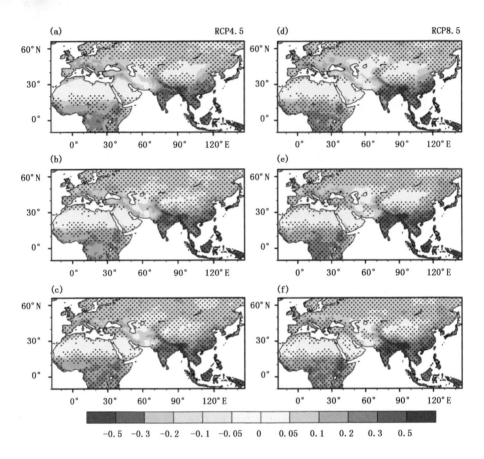

图 4.2　RCP4.5(左列)和 RCP8.5(右列)排放情景下,相对于历史时期(1986—2005 年),

"一带一路"主要区域年平均降水未来三个时期变化的信度水平及模式间的不确定性

(a),(d)近期(2020—2039 年);(b),(e)中期(2040—2059 年);(c),(f)远期(2080—2099 年)
均为 NEX-GDDP 的 18 个 CMIP5 全球模式降尺度结果的集合平均。打圆点区域表示通过了
95%信度检验,由于格点过密(0.25°),图中圆点不与格点一一对应。模式间的不确定性
用 18 个模式降水量变化的 1 个标准差表征(单位:mm/d)

水量较多的地区,如中国东南部、青藏高原南麓、东南亚、南亚(除了其西北部地
区)和赤道附近非洲地区。

　　图 4.3~图 4.5 给出了在 RCP4.5 情景下,相对于历史时期(1986—2005 年),
NEX-GDDP 的 18 个 CMIP5 全球模式降尺度结果预估的近期(2020—2039 年)、
中期(2040—2059 年)与远期(2080—2099 年)年平均降水量变化的空间分布。在
RCP4.5 情景下未来三个时期,各个模式降水变化的空间差异性比温度变化的空
间差异性大得多。与多模式集合平均结果相似,单个模式局地到次区域尺度上降

水变化幅度随着时间的推移而增加。多模式集合平均可以降低单个模式引起的
不确定性,更好地反映年平均降水变化的空间分布。

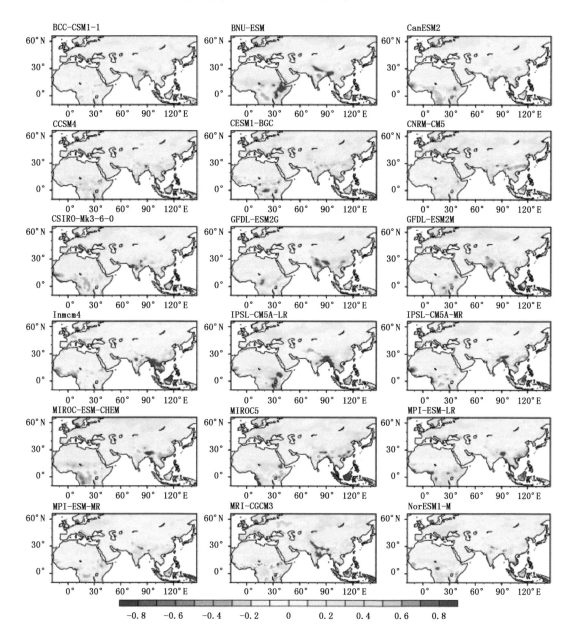

图 4.3　RCP4.5 情景下,相对于历史时期(1986—2005 年),各个模式降尺度结果预估的
近期(2020—2039 年)"一带一路"主要区域年平均降水量变化的空间分布(单位:mm/d)
模式信息见表 2.1,分辨率为 0.25°

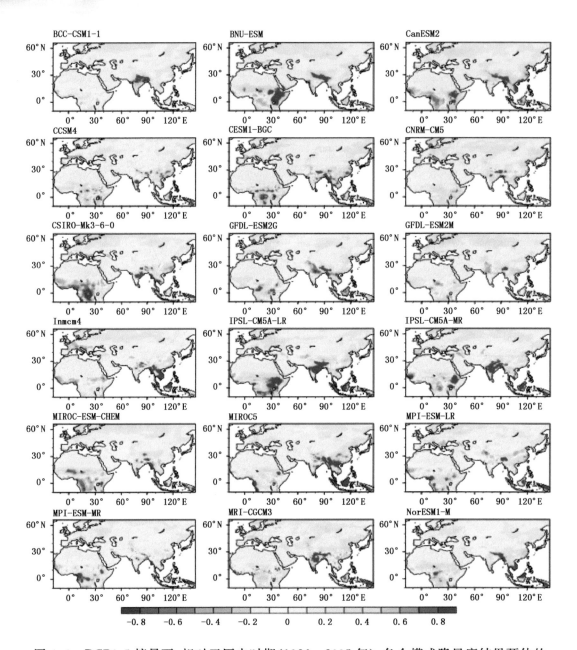

图 4.4　RCP4.5 情景下,相对于历史时期(1986—2005 年),各个模式降尺度结果预估的
中期(2040—2059 年)"一带一路"主要区域年平均降水量变化的空间分布(单位:mm/d)
模式信息见表 2.1,分辨率为 0.25°

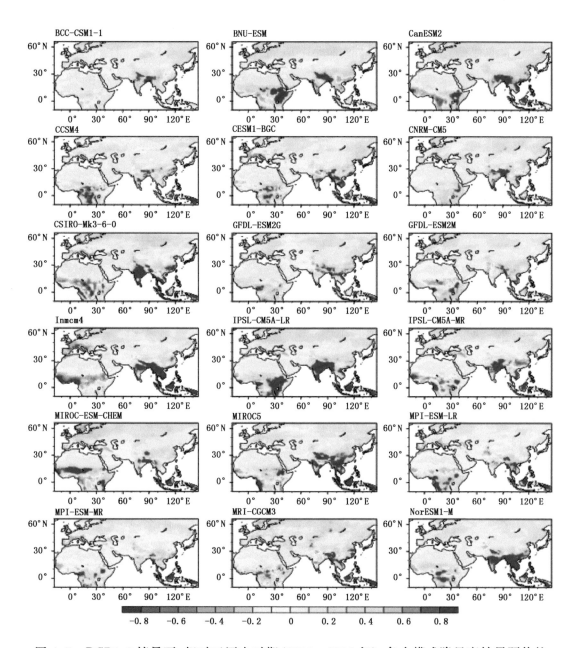

图 4.5　RCP4.5 情景下,相对于历史时期(1986—2005 年),各个模式降尺度结果预估的
远期(2080—2099 年)"一带一路"主要区域年平均降水量变化的空间分布(单位:mm/d)
模式信息见表 2.1,分辨率为 0.25°

　　图 4.6～图 4.8 显示了在 RCP8.5 情景下,相对于历史时期(1986—2005 年),
NEX-GDDP 的 18 个 CMIP5 全球模式降尺度结果预估的近期(2020—2039 年)、
中期(2040—2059 年)与远期(2080—2099 年)年平均降水量变化的空间分布。在
RCP8.5 情景下,相对于历史时期,未来三个时期单个模式预估的"一带一路"主要

区域降水量变化的空间结构总体上与 RCP4.5 情景下的相似,并且局地到次区域尺度上的变化幅度随着时间向前推进而增加(图 4.6~图 4.8)。同时,RCP8.5 情景下三个时期降水变化模式间空间分布的差异性明显,也表明对降水的预估比对温度的预估的不确定性更大。

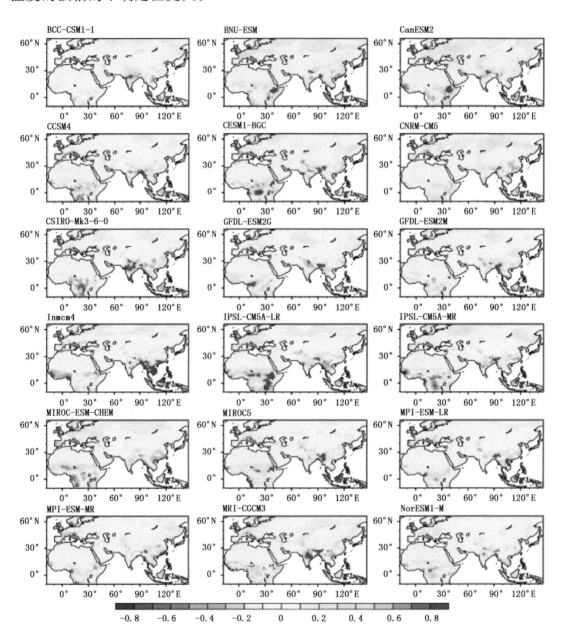

图 4.6 RCP8.5 情景下,相对于历史时期(1986—2005 年),各个模式降尺度结果预估的近期(2020—2039 年)"一带一路"主要区域年平均降水量变化的空间分布(单位:mm/d)

模式信息见表 2.1,分辨率为 0.25°

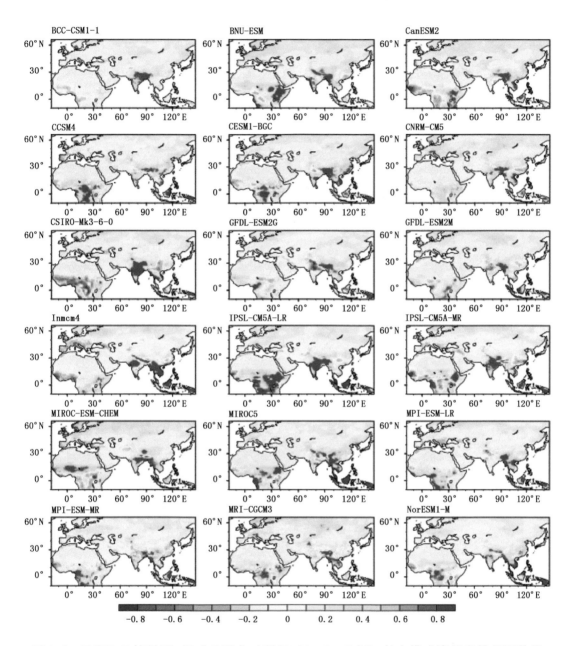

图 4.7 RCP8.5 情景下,相对于历史时期(1986—2005 年),各个模式降尺度结果预估的
中期(2040—2059 年)"一带一路"主要区域年平均降水量变化的空间分布(单位:mm/d)
模式信息见表 2.1,分辨率为 0.25°

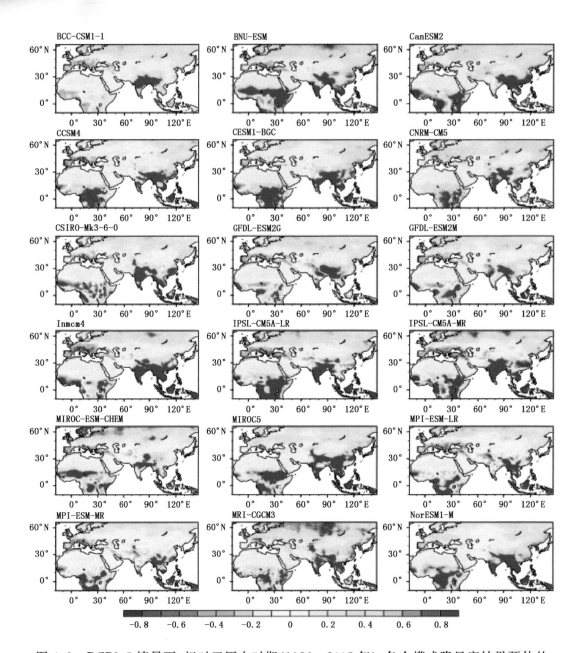

图 4.8　RCP8.5 情景下,相对于历史时期(1986—2005 年),各个模式降尺度结果预估的
远期(2080—2099 年)"一带一路"主要区域年平均降水量变化的空间分布(单位:mm/d)
模式信息见表 2.1,分辨率为 0.25°

　　图 4.9～图 4.12 给出了在 RCP4.5 与 RCP8.5 两种排放情景下,相对于历史
时期(1986—2005 年),多模式集合平均预估的"一带一路"主要区域近期(2020—
2039 年)、中期(2040—2059 年)和远期(2080—2099 年)1—12 月的月平均降水量

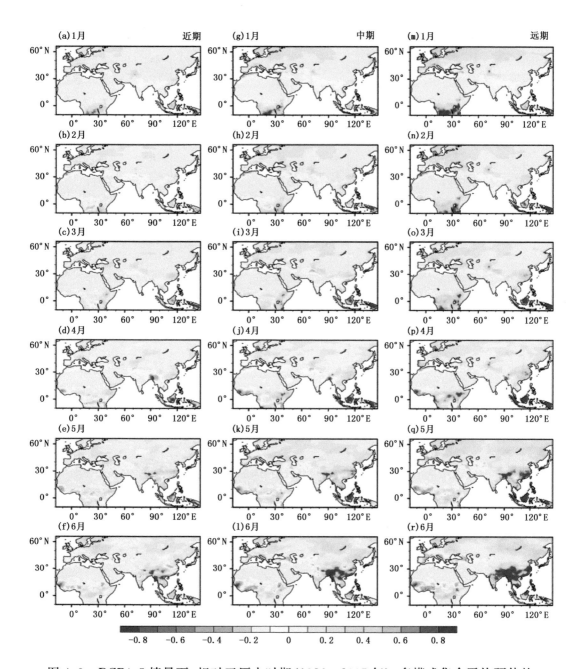

图 4.9　RCP4.5 情景下,相对于历史时期(1986—2005 年),多模式集合平均预估的

"一带一路"主要区域 1—6 月的月平均降水量变化的空间分布(单位:mm/d)

(b)~(f)近期(2020—2039 年);(g)~(l)中期(2040—2059 年);(m)~(r)远期(2080—2099 年)

均采用 NEX-GDDP 的 18 个 CMIP5 全球模式降尺度数据集合平均

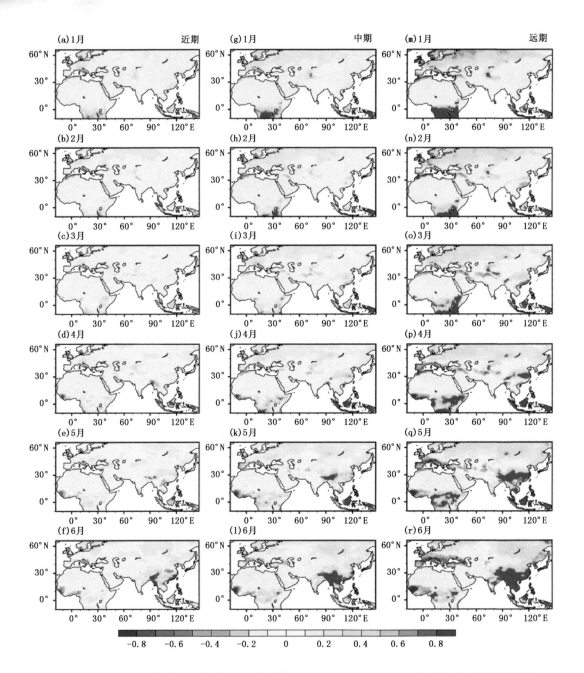

图 4.10　RCP8.5 情景下,相对于历史时期(1986—2005 年),多模式集合平均预估的
"一带一路"主要区域 1—6 月的月平均降水量变化的空间分布(单位:mm/d)
(a)~(f)近期(2020—2039 年);(g)~(l)中期(2040—2059 年);(m)~(r)远期(2080—2099 年)
均采用 NEX-GDDP 的 18 个 CMIP5 全球模式降尺度数据集合平均

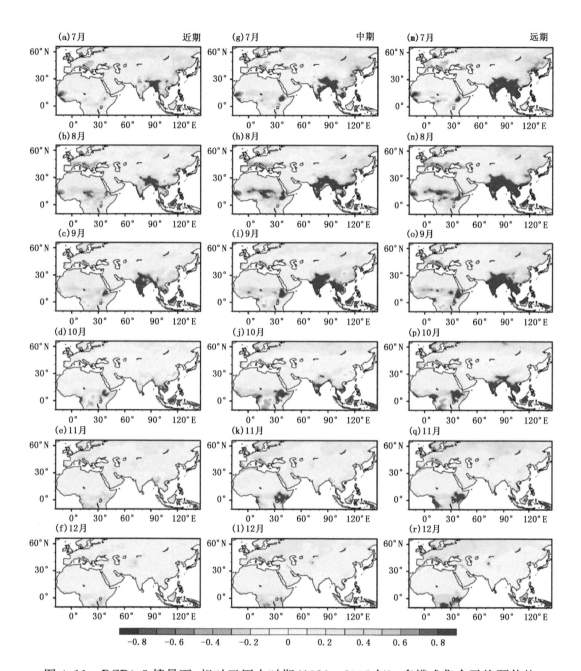

图 4.11　RCP4.5 情景下,相对于历史时期(1986—2005 年),多模式集合平均预估的

"一带一路"主要区域 7—12 月的月平均降水量变化的空间分布(单位:mm/d)

(a)～(f)近期(2020—2039 年);(g)～(l)中期(2040—2059 年);(m)～(r)远期(2080—2099 年)

均采用 NEX-GDDP 的 18 个 CMIP5 全球模式降尺度数据集合平均

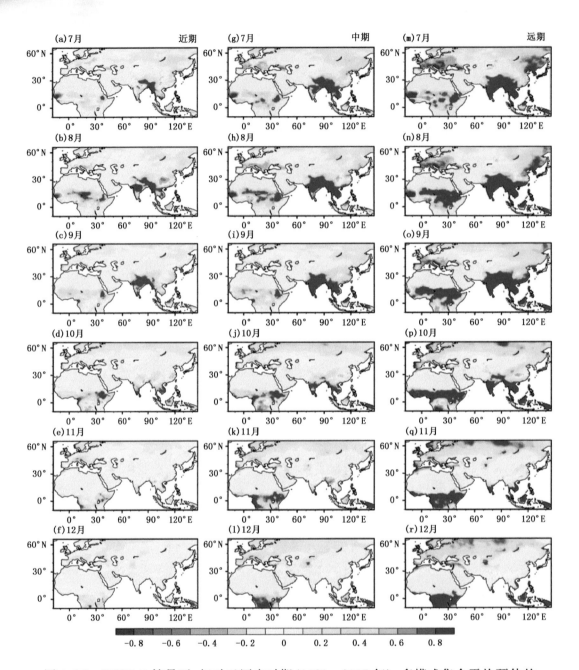

图 4.12　RCP8.5 情景下,相对于历史时期(1986—2005 年),多模式集合平均预估的

"一带一路"主要区域 7—12 月的月平均降水量变化的空间分布(单位:mm/d)

(a)~(f)近期(2020—2039 年);(g)~(l)中期(2040—2059 年);(m)~(r)远期(2080—2099 年)

均采用 NEX-GDDP 的 18 个 CMIP5 全球模式降尺度数据集合平均

变化的空间分布。总体而言,在 RCP4.5 和 RCP8.5 情景下,多模式集合预估的
"一带一路"主要区域月平均降水变化在空间分布上与年平均降水变化具有较大
的相似性(图 4.1 和图 4.9～图 4.12)。同一排放情景下,近期、中期和远期未来三
个时期"一带一路"主要区域 1—12 月的月平均降水的变化幅度在局地到次区域
尺度上普遍随着时间的推进而增大。同一未来时期,降水变化幅度在 RCP8.5 情
景下比 RCP4.5 情景更大。一般而言,两种排放情景下的三个未来时期,"一带一
路"主要区域各月的降水在湿润/半湿润区与干旱/半干旱区的对比更明显。同时
注意到,1—12 月降水变化的空间分布存在差异,变化幅度存在明显的季节差异
性。例如,亚洲季风区降水的增加在夏季风时期(5—9 月)比其他月份要大得多。

4.4 区域平均未来降水变化多模式集合预估

图 4.13 给出了 RCP4.5 和 RCP8.5 排放情景下,相对于历史时期(1986—
2005 年),多模式集合预估的"一带一路"主要区域年平均降水的空间平均值近期
(2020—2039 年)、中期(2040—2059 年)和远期(2080—2099 年)的变化。在
RCP4.5 和 RCP8.5 两种情景下,相对于历史时期(1986—2005 年),"一带一路"
主要区域年平均降水的空间平均值近期、中期和远期均表现为增加趋势。近期
(2020—2039 年),年平均降水的增加幅度在两种情景下相近,大约为 0.07 mm/d,
均未通过 90%信度检验。到中期(2040—2059 年),在 RCP4.5 与 RCP8.5 两种排

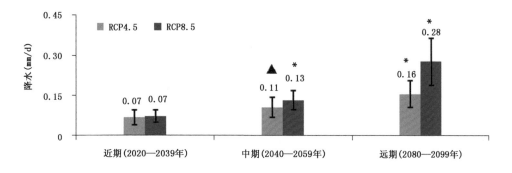

图 4.13 RCP4.5 和 RCP8.5 两种排放情景下,相对于历史时期(1986—2005 年),"一带一路"
主要区域年平均降水的空间平均值近期(2020—2039 年)、中期(2040—2059 年)和
远期(2080—2099 年)的变化(单位:mm/d)。
均为 NEX-GDDP 的 18 个 CMIP5 全球模式降尺度结果的集合平均。▲和 * 分别表示
通过 90%和 95%信度检验,误差条表示上下一个模式间标准差

放情景下,年平均降水将分别增加 0.11 mm/d 和 0.13 mm/d,分别通过了 90% 和
95% 的信度检验。到远期(2080—2099 年),年平均降水量在 RCP4.5 与 RCP8.5
两种情景下将分别增加 0.16 mm/d 和 0.28 mm/d,均通过了 95% 的信度检验。
在 RCP4.5 情景下,"一带一路"主要区域降水量增加幅度近期、中期和远期模式
间的标准差分别为 0.02 mm/d,0.03 mm/d 和 0.04 mm/d;在 RCP8.5 情景下,分
别为 0.02 mm/d,0.04 mm/d 和 0.09 mm/d(图 4.13)。可以看出,同一排放情景
下,未来三个时段模式间不确定性随着时间的推进而增大。同一未来时期,在
RCP8.5 情景下模式间不确定性普遍比 RCP4.5 情景下更大。

图 4.14 和图 4.15 显示了 RCP4.5 和 RCP8.5 两种情景下,相对于历史时期
(1986—2005 年),单个模式降尺度结果预估的"一带一路"主要区域空间平均的年
平均降水量近期(2020—2039 年)、中期(2040—2059 年)和远期(2080—2099 年)
变化幅度及其与多模式集合平均变化的均值差异。就单个模式降尺度结果而言,

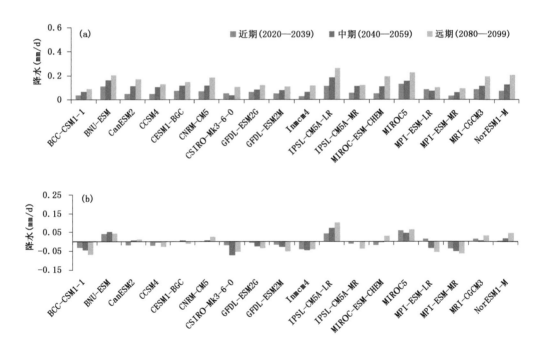

图 4.14　RCP4.5 情景下,(a)相对于历史时期(1986—2005 年),NEX-GDDP 的 18 个 CMIP5
全球模式降尺度结果各个模式预估的"一带一路"主要区域年平均降水量的空间平均值近期
(2020—2039 年)、中期(2040—2059 年)和远期(2080—2099 年)的变化(单位:mm/d),
(b)及其与多模式集合平均值差异
模式信息详见表 2.1,均为分辨率为 0.25° 的降尺度数据

"一带一路"主要区域年平均降水量空间平均值的变化与多模式集合平均结果相似:相较于历史时期,两种情景下的未来三个时期年平均降水量均表现为一致性增加;在同一情景下,单个模式降水的增加幅度普遍随时间的推移而增大,也存在例外;在同一未来时期,RCP8.5 情景下降水增加比 RCP4.5 情景更多(图 4.14a和图 4.15a)。两种情景下未来三个时期,普遍比多模式集合结果明显偏高的模式有 BNU-ESM,IPSL-CM5A-LR 和 MIROC5,而普遍明显偏低的模式包括 BCC-ESM1-1,CSIRO-Mk3-6-0 和 MPI-ESM-MR,其余模式结果与多模式集合结果相对比较接近(图 4.14b和图 4.15b)。同一排放情景下,单个模式与多模式集合平均结果的差异普遍在远期最高。同一未来时期,RCP8.5 高排放情景下比RCP4.5 中等排放情景的差异普遍更大。在 RCP4.5 中等排放情景下,单个模式较多模式集合的差异大约介于±0.1 mm/d(图 4.14b);在 RCP8.5 高排放情景下,差异介于±0.15 mm/d 左右(图 4.15b)。

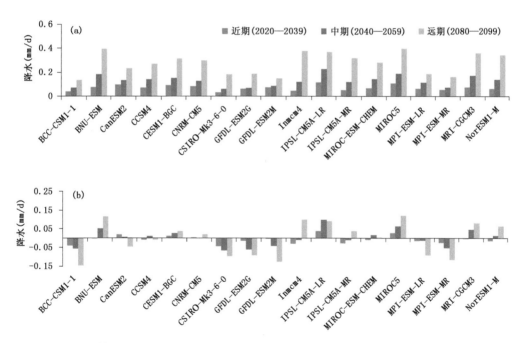

图 4.15 RCP8.5 情景下,(a)相对于历史时期(1986—2005 年),NEX-GDDP 的 18 个 CMIP5全球模式降尺度结果各个模式预估的"一带一路"主要区域年平均降水量的空间平均值近期(2020—2039 年)、中期(2040—2059 年)和远期(2080—2099 年)的变化(单位:mm/d),(b)及其与多模式集合平均值差异
模式信息详见表 2.1,均为分辨率为 0.25°的降尺度数据

图 4.16 和图 4.17 显示了 RCP4.5 情景和 RCP8.5 情景下，多模式集合的历史时期（1986—2005 年）、近期（2020—2039 年）、中期（2040—2059 年）和远期（2080—2099 年）"一带一路"主要区域空间平均的 1—12 月平均降水。在两种情

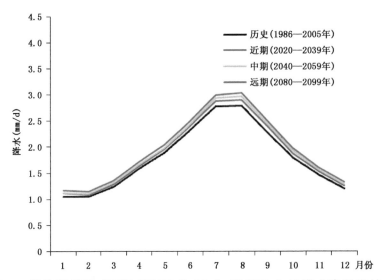

图 4.16　RCP4.5 排放情景下，NEX-GDDP 的 18 个 CMIP5 全球模式降尺度结果集合平均的历史时期（1986—2005 年）、近期（2020—2039 年）、中期（2040—2059 年）和远期（2080—2099 年）"一带一路"主要区域空间平均的 1—12 月的月平均降水量（单位：mm/d）

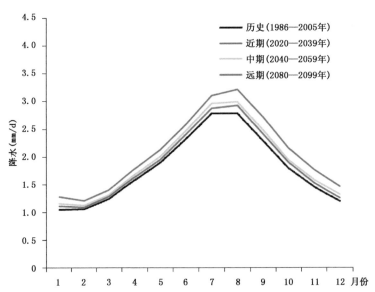

图 4.17　RCP8.5 排放情景下，NEX-GDDP 的 18 个 CMIP5 全球模式降尺度结果集合平均的历史时期（1986—2005 年）、近期（2020—2039 年）、中期（2040—2059 年）和远期（2080—2099 年）"一带一路"主要区域空间平均的 1—12 月的月平均降水量（单位：mm/d）

景下,未来三个时段"一带一路"主要区域降水年循环的分布型与其历史时期较为一致,但在数值上均大于历史时期,表现出增加趋势。历史时期与两种排放情景下,月平均降水最多的月份均出现在 8 月,最少的均出现在 2 月。未来尤其是在RCP8.5 情景下远期,降水年循环与历史时期存在一定的差异性。

图 4.18 和图 4.19 给出了 RCP4.5 和 RCP8.5 情景下,相对于历史时期(1986—2005 年),多模式集合平均预估的近期(2020—2039 年)、中期(2040—2059 年)和远期(2080—2099 年)"一带一路"主要区域空间平均的 1—12 月平均降水量的变化。同一排放情景下,1—12 月平均降水量相对于历史时期(1986—2005 年)的增加幅度随着时间的推进而增大:远期降水量增加最多,中期次之,近

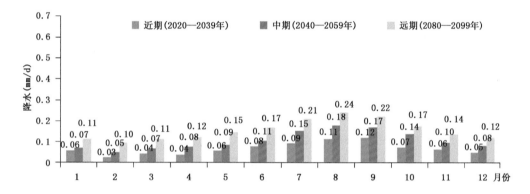

图 4.18 RCP4.5 排放情景下,相对于历史时期(1986—2005 年),多模式降尺度结果集合平均
预估的"一带一路"主要区域空间平均的 1—12 月的月平均降水量近期(2020—2039 年)、
中期(2040—2059 年)和远期(2080—2099 年)的变化(单位:mm/d)

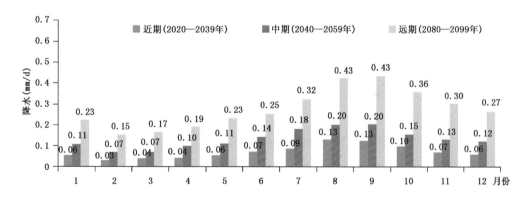

图 4.19 RCP8.5 排放情景下,相对于历史时期(1986—2005 年),多模式降尺度结果集合平均
预估的"一带一路"主要区域空间平均的 1—12 月平均降水量近期(2020—2039 年)、
中期(2040—2059 年)和远期(2080—2099 年)的变化(单位:mm/d)

期最小。同一未来时期,RCP8.5 情景下降水量的增加幅度比 RCP4.5 情景下更大。在 RCP4.5 情景下的未来三个时期,平均降水量增加最多的月份均出现在 8 月(0.11 mm/d,0.18 mm/d 和 0.24 mm/d),最小的均是在 2 月(0.03 mm/d,0.05 mm/d 和 0.10 mm/d)。在 RCP8.5 高排放情景下,未来三个时段降水的增加幅度进一步加大(图 4.19)。尤其是在 RCP8.5 情景下 2080—2099 年,8 月与 9 月降水量增幅比其他月份明显更大,导致降水的年循环相对于历史时期发生了一定程度的变化。

4.5 小结

本章主要利用 NEX-GDDP 的 18 个 CMIP5 全球模式降尺度结果的集合平均对 RCP4.5 与 RCP8.5 两种排放情景下相对于历史时期(1986—2005 年)"一带一路"主要区域未来三个时期(2020—2039 年,2040—2059 年和 2080—2099 年)降水变化进行了预估,并评估了信度及模式间不确定性。

NEX-GDDP 的 18 个 CMIP5 全球模式降尺度结果集合平均预估的"一带一路"主要区域未来降水变化具有明显的空间差异性。总体而言,相对于历史时期(1986—2005 年),在 RCP4.5 与 RCP8.5 两种排放情景下未来三个时期(2020—2039 年,2040—2059 年和 2080—2099 年),地中海地区、西亚部分地区以及西非少部分面积年平均降水量将减少,而其余的绝大部分地区年平均降水量将增加;在降水量增加的区域,年降水量越多的地区增幅越大。在同一排放情景下,"一带一路"主要区域未来降水变化幅度从近期(2020—2039 年)至中期(2040—2059 年),再到远期(2080—2099 年)不断增强。同一未来时期,RCP8.5 情景下降水的变化幅度在数值上高于 RCP4.5 情景下的变化幅度。未来降水的变化幅度在干湿区域的对比将更加明显,尤其是在 RCP8.5 情景下的远期(2080—2099 年)。在年降水量多的亚非雨林区以及季风区,未来降水增加幅度最大,而在亚非干旱/半干旱带,降水的增幅较小或者下降,结果导致二者未来降水量的差异变得更大。在 RCP4.5 和 RCP8.5 两种情景下,"一带一路"主要区域未来三个时期降水变化的不确定性较高区域主要位于中国东南部、青藏高原南麓、东南亚、南亚除西北部以外地区以及赤道附近非洲等年降水量较多的地区。

NEX-GDDP 的 18 个 CMIP5 全球模式降尺度结果的集合平均预估表明,在 RCP4.5 和 RCP8.5 两种情景下,"一带一路"主要区域未来三个时段的降水变化均表现为增加趋势,且增加幅度随着时间的推进和排放情景的增加而增大。RCP4.5 和 RCP8.5 两种情景下,相对于历史时期(1986—2005 年),"一带一路"主要区域未来近期(2020—2039 年)的降水量将增加大约都为 0.07 mm/d,均未通过 90％信度检验;至中期(2040—2059 年),RCP4.5 与 RCP8.5 两种情景下降水量的增加幅度较近期有所增大,分别为 0.11 mm/d(90％信度水平)和 0.13 mm/d(95％信度水平);到远期(2080—2099 年),年平均降水量在两种情景下将分别增加 0.16 mm/d 和 0.28 mm/d,均通过 95％信度检验。在 RCP4.5 情景下,未来三个时段降水变化的不确定性分别为 0.02 mm/d,0.03 mm/d 和 0.04 mm/d;相比较而言,RCP8.5 情景下,未来降水变化的不确定性比 RCP4.5 情景下更大。

在 RCP4.5 和 RCP8.5 两种情景下,相对于历史时期(1986—2005 年),NEX-GDDP 的 18 个 CMIP5 全球模式降尺度结果的集合平均预估的"一带一路"主要区域未来三个时段(2020—2039 年,2040—2059 年和 2080—2099 年)空间平均的降水年循环的分布型与历史时期(1986—2005 年)较为相似,降水量最多的月份出现在 8 月,最少出现在 2 月。同一排放情景下,相对于历史时期(1986—2005 年),1—12 月降水量从近期到中期再到远期不断增加。同一未来时期,1—12 月降水量的增加幅度在 RCP8.5 情景下普遍比 RCP4.5 情景下的大。在 RCP8.5 情景下远期,降水量年循环相比较于历史时期发生了一定程度的变化。

第 5 章

"一带一路"气候变化国别研究
——以蒙古国、哈萨克斯坦和泰国为例

一带一路

5.1 引言

自从"一带一路"重大倡议提出 5 年多来,朋友圈不断扩大,"一带一路"已成为全球最宏大的国际合作平台。秉承丝路精神与共商共建共享原则,我国与沿线国家的互联互通合作持续加强(国家信息中心"一带一路"大数据中心,2018)。目前,"一带一路"建设进入全面深入实施阶段,与相关国家的发展战略对接、务实合作将不断深化。

本书的第 2~4 章对"一带一路"主要区域气候变化进行了系统分析与预估。本章以蒙古国、哈萨克斯坦和泰国为例开展了沿线国家气候变化国别研究。三个国家分别位于中蒙俄经济走廊、中国—中亚—西亚经济走廊和中国—中南半岛经济走廊的沿线地区。本章首先对 NEX-GDDP 的 18 个 CMIP5 全球模式降尺度数据对三个国家历史时期(1986—2005 年)气候模拟能力进行评估,然后采用多模式集合平均预估了 RCP4.5 与 RCP8.5 两种排放情景下近期(2020—2039 年)、中期(2040—2059 年)以及远期(2080—2099 年)三个国家相对于历史时期的气温与降水变化。

5.2 数据与方法

观测数据来自 GHCN-CAMS 与 CRU 两套格点数据集,包括 1986—2005 年的温度与降水资料。所用的模式数据是来自于 NEX-GDDP 中的 18 个 CMIP5 全球模式统计降尺度的逐日的日最高气温、日最低气温与降水数据,包括历史时期(1986—2005 年)以及未来三个时期(2020—2039 年,2040—2059 年与 2080—2099 年)。18 个模式信息见表 2.1,日平均气温通过计算日最高与日最低气温的平均获得。数据的详细说明可见第 2 章的数据与方法部分。

本章首先利用 GHCN-CAMS 与 CRU 两套观测数据集对 NEX-GDDP 的 18 个 CMIP5 全球模式降尺度数据的集合平均对蒙古国、哈萨克斯坦和泰国历史时期气候变化的模拟能力进行了评估,方法与第 2 章同。然后,利用 NEX-GDDP 的 18 个 CMIP5 全球模式降尺度结果的多模式集合平均预估了蒙古国、哈萨克斯坦和泰国未来气温和降水变化。未来预估主要分为近期(2020—2039 年)、中期(2040—2059 年)和远期(2080—2099 年)三个时期,未来变化是指相对于历史时期(1986—2005 年)。同时给出了未来气候变化的信度水平及模式间的不确定性。上述方法与第 3 章和第 4 章相同,详见第 3 章和第 4 章方法介绍。

5.3　历史时期气候模拟结果评估

对蒙古国历史时期(1986—2005 年)GHCN-CAMS 与 CRU 观测与 18 个 CMIP5 全球模式降尺度结果集合平均的年平均气温气候态的空间分布进行了对比分析。从 GHCN-CAMS 和 CRU 两套观测数据来看,年平均气温气候态的空间分布较为一致,均表现为大约以 45°N 为界,年平均气温呈现偶极子分布型,0 ℃线走向接近为东西向,即 45°N 以北年平均气温低于 0 ℃,45°N 以南年平均气温高于 0 ℃。年平均气温大值中心出现在蒙古国南部,最高值在 6 ℃以上;低值区主要位于蒙古国中部偏西北地区,部分面积低于－6 ℃。对于统计降尺度模式数据而言,多模式集合平均再现了蒙古国年平均气温气候态的区域差异性,即多模式集合平均的年平均气温的空间分布与 GHCN-CAMS 和 CRU 两套观测数据基本一致,同时在局地到次区域尺度上,提供了更多的空间分布细节特征。

从蒙古国年平均气温历史时期气候态的空间平均可以看出,多模式集合平均值与两套观测数据较为接近:GHCN-CAMS 为－0.13 ℃,CRU 为 0.35 ℃,多模式集合平均为 0.01 ℃(图 5.1)。以上分析表明,NEX-GDDP 的 18 个 CMIP5 全球模式降尺度数据集合平均能够比较准确模拟蒙古国历史时期(1986—2005 年)年平均气温气候态空间分布以及空间平均值。

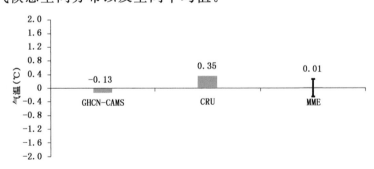

图 5.1　1986—2005 年蒙古国年平均气温气候态的空间平均值比较(单位:℃):

GHCN-CAMS 和 CRU 观测与多模式集合平均(MME)

多模式集合平均采用了 NEX-GDDP 的 18 个全球模式降尺度数据,误差条表示

单个模式最高与最低值范围

对比分析了哈萨克斯坦历史时期(1986—2005 年)观测与多模式集合平均年平均温度气候态的空间分布。GHCN-CAMS 和 CRU 两套观测数据年平均气温气候态的空间分布较为一致,均表现为年平均气温由低纬度向高纬度递减,除北部的零星地区外,哈萨克斯坦大部分地区的年平均气温均高于 0 ℃。年平均气温高值中心主要位于哈萨克斯坦南部以及里海附近,低值区主要分布于东北部以及东南角。多模式集合平均结果与两套观测资料大体一致,部分地区有一些差异。

从哈萨克斯坦年平均气温历史时期气候态的空间平均值来看,多模式集合平均结果与两套观测数据接近:GHCN-CAMS 为 6.80 ℃,CRU 为 6.53 ℃,多模式集合平均为 5.84 ℃(图 5.2)。两套观测数据年平均气温稍大于多模式集合平均值,模式间的误差范围较小。以上分析结果表明,NEX-GDDP 全球模式降尺度数据能够比较准确模拟哈萨克斯坦历史时期年平均气温气候态空间分布及平均值。

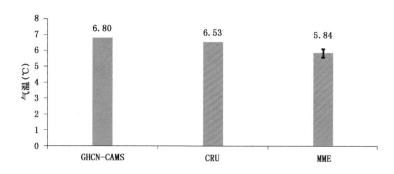

图 5.2 1986—2005 年哈萨克斯坦年平均气温气候态的空间平均值比较(单位:℃):
GHCN-CAMS 和 CRU 观测与多模式集合平均(MME)
多模式集合平均采用了 NEX-GDDP 的 18 个全球模式降尺度数据,误差条表示
单个模式最高与最低值范围

对泰国历史时期(1986—2005 年)观测与多模式集合平均年平均气温气候态的空间分布进行了对比分析。GHCN-CAMS 和 CRU 两套观测数据一致表明泰国全国年平均气温均在 20 ℃以上,年平均气温在低纬度地区普遍比高纬度更高,同时受到地形与海洋的重要影响。年平均气温高值中心主要位于泰国中部靠近孟加拉湾地区,低值区位于西北部。对于 NEX-GDDP 全球模式统计降尺度数据而言,多模式集合平均能够抓住泰国年平均气温气候态的空间差异性。

图 5.3 显示,多模式集合平均与观测的泰国历史时期年平均气温空间平均值具有很高的一致性:GHCN-CAMS 为 26.39 ℃,CRU 为 26.65 ℃,多模式集合平

均为 26.90 ℃。多模式集合平均的年平均温度稍高于两套观测数据,模式间的误差范围小。以上分析结果表明,NEX-GDDP 全球模式降尺度数据能够比较准确模拟泰国历史时期年平均温度气候态空间分布及平均值。

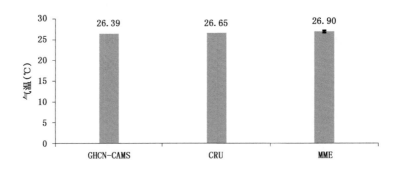

图 5.3　1986—2005 年泰国年平均气温气候态的空间平均值比较(单位:℃):
GHCN-CAMS 和 CRU 观测与多模式集合平均（MME）
多模式集合平均采用了 NEX-GDDP 的 18 个全球模式降尺度数据,误差条表示
单个模式最高与最低值范围

接着对蒙古国历史时期(1986—2005 年)GHCN-CAMS 与 CRU 观测与 NEX-GDDP 的 18 个 CMIP5 全球模式降尺度结果集合平均的年平均降水气候态的空间分布进行了对比研究。GHCN-CAMS 和 CRU 两套观测资料显示,蒙古国历史时期年平均降水气候态的空间分布均表现为从低纬向高纬增加。两套观测数据一致显示,最大降水区域主要出现在蒙古国北部地区;中部地区年平均降水量次之;南部地区降水最少。与 GHCN-CAMS 和 CRU 观测相比较,多模式集合平均结果能够较好地再现蒙古国历史时期年平均降水量气候态的空间分布,并较好刻画了降水在局地到次区域的空间细节特征。

图 5.4 表明 GHCN-CAMS、CRU 观测数据与多模式集合平均的蒙古国历史时期(1986—2005 年)年平均降水的空间平均值基本一致,分别为 0.54 mm/d,0.62 mm/d 和 0.54 mm/d。模式间数值范围均在 0.51～0.58 mm/d 之间,最大与最小相差 0.07 mm/d。这些结果表明,NEX-GDDP 的 18 个 CMIP5 全球模式降尺度数据集合平均较好模拟了蒙古国历史时期年平均降水气候态的空间分布以及空间平均值。

对哈萨克斯坦历史时期(1986—2005 年)观测与多模式集合平均年平均降水气候态的空间分布进行了对比。GHCN-CAMS 和 CRU 两套观测资料结果一致:哈萨克斯坦历史时期年平均降水量气候态的空间分布大体表现出年平均降水量

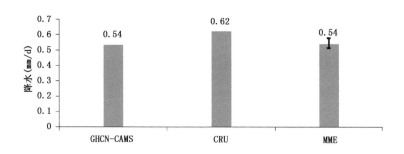

图 5.4 1986—2005 年蒙古国年平均降水气候态的空间平均值比较(单位:mm/d):
GHCN-CAMS 和 CRU 观测与多模式集合平均(MME)
多模式集合平均采用了 NEX-GDDP 的 18 个全球模式降尺度数据,误差条表示
单个模式最高与最低值范围

从西南向东北增加,最少的降水区域出现在西南部。与 GHCN-CAMS 和 CRU 观测数据相比较,多模式集合平均结果能够再现哈萨克斯坦历史时期年平均降水量气候态的空间分布,且能较好刻画出局地到次区域的空间分布细节特征。

GHCN-CAMS、CRU 观测数据与多模式集合平均的哈萨克斯坦历史时期 (1986—2005 年)年均降水量的空间平均值分别为 0.69 mm/d,0.71 mm/d 和 0.65 mm/d,表明多模式集合平均与观测一致性高(图 5.5)。单个模式最大数值为 0.69 mm/d,最小为 0.61 mm/d,二者相差 0.08 mm/d。这些结果表明,来自 NEX-GDDP 的 18 个 CMIP5 全球模式降尺度数据对哈萨克斯坦历史时期年平均降水量气候态的空间分布以及空间平均值具有比较高的模拟性能。

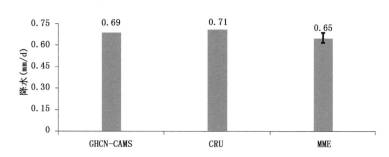

图 5.5 1986—2005 年哈萨克斯坦年平均降水气候态的空间平均值比较(单位:mm/d):
GHCN-CAMS 和 CRU 观测与多模式集合平均(MME)
多模式集合平均采用了 NEX-GDDP 的 18 个全球模式降尺度数据,误差条表示
单个模式最高与最低值范围

从 GHCN-CAMS 和 CRU 两套观测资料来看,泰国历史时期(1986—2005

年)年平均降水气候态的空间分布表现为比较强的南北对比。降水最多的地区主要位于泰国的南部地区,最大可达 7 mm/d 以上。与 GHCN-CAMS 和 CRU 观测数据相比较,NEX-GDDP 的 18 个 CMIP5 全球模式降尺度结果的集合平均能够再现泰国历史时期年平均降水量气候态的空间分布,且能较好刻画出局地到次区域的空间分布细节特征。

图 5.6 给出了 1986—2005 年 GHCN-CAMS 和 CRU 观测与多模式集合平均的泰国历史时期(1986—2005 年)年平均降水量气候态的空间平均值比较。由图可知,GHCN-CAMS、CRU 观测数据与多模式集合平均的泰国历史时期年均降水量的空间平均值分别为 3.95 mm/d,4.08 mm/d 和 4.11 mm/d,多模式集合平均的结果稍大于观测值。模式间最高值与最低值范围在 3.8~4.5 mm/d,最高与最低相差 0.7 mm/d。总体而言,来自 NEX-GDDP 的 18 个 CMIP5 全球模式降尺度数据对泰国历史时期年平均降水量气候态的空间分布以及空间平均值具有比较高的模拟性能。

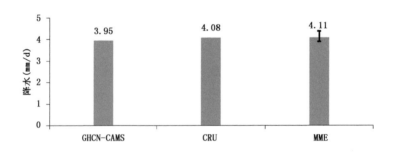

图 5.6　1986—2005 年泰国年平均降水量气候态的空间平均值比较(单位:mm/d):
GHCN-CAMS 和 CRU 观测与多模式集合平均 (MME)
多模式集合平均采用了 NEX-GDDP 的 18 个全球模式降尺度数据,误差条表示
单个模式最高与最低值范围

5.4　未来气温变化多模式集合预估

采用 NEX-GDDP 的 18 个 CMIP5 全球模式降尺度结果的集合平均预估了 RCP4.5 与 RCP8.5 两种排放情景下蒙古国年平均气温近期(2020—2039 年)、中期(2040—2059 年)和远期(2080—2099 年)空间变化。在 RCP4.5 和 RCP8.5 两种情景下,相对于历史时期(1986—2005 年),近期、中期和远期蒙古国年平均气温

变化的空间分布较为一致,均为显著的增温。不管对于 RCP4.5 情景或者 RCP8.5 的情景,从近期到中期再到远期,年平均气温上升幅度不断增强。在 RCP4.5 排放情景下,近期(2020—2039 年),蒙古国年平均气温的增幅在 1.5 ℃ 左右;在中期(2040—2059 年),则普遍在 1.5～2.0 ℃ 之间;到了远期,年平均气温 增幅进一步加大,最高可达 3 ℃ 以上。同一未来时期,蒙古国年平均气温的增幅 在 RCP8.5 情景下明显高于在 RCP4.5 情景下的增幅。在 RCP8.5 情景下,到远 期或者 21 世纪末(2080—2099 年),蒙古国年平均气温的增幅普遍超过了 5 ℃。

图 5.7 展示了 RCP4.5 和 RCP8.5 情景下,相对于历史时期(1986—2005 年),多模式集合预估的蒙古国年平均气温的空间平均值近期(2020—2039 年)、中 期(2040—2059 年)和远期(2080—2099 年)的变化。在 RCP4.5 情景下,蒙古国 年平均气温的空间平均值近期、中期和远期增温幅度分别为 1.19 ℃,1.89 ℃ 和 2.56 ℃(99％信度水平以上)。相比较于 RCP4.5 情景下,RCP8.5 情景下的增温 幅度更大,分别为 1.46 ℃,2.52 ℃ 和 5.24 ℃(99％信度水平以上)。不管是 RCP4.5 情景下还是 RCP8.5 情景下,未来三个时期蒙古国年平均气温的增温幅 度均大于"一带一路"主要区域的增温幅度(1.16 ℃,1.79 ℃ 和 2.46 ℃;1.33 ℃, 2.38 ℃ 和 4.91 ℃)(图 3.13 和图 5.7)。在 RCP4.5 情景下,近期、中期和远期模式 间的标准差分别为 0.46 ℃,0.56 ℃ 和 0.69 ℃;在 RCP8.5 情景下,分别为 0.46 ℃, 0.83 ℃ 和 1.04 ℃(图 5.7)。可以看出,同一排放情景下,未来三个时段蒙古国年

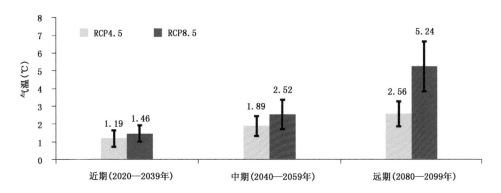

图 5.7 RCP4.5 和 RCP8.5 两种排放情景下,相对于历史时期(1986—2005 年), 蒙古国年平均气温的空间平均值近期(2020—2039 年)、中期(2040—2059 年)和 远期(2080—2099 年)的变化(单位:℃) 均为 NEX-GDDP 的 18 个 CMIP5 全球模式降尺度结果的集合平均。全部数值通过了 99％信度检验,误差条表示上下一个模式间标准差

平均气温模式间的不确定性随着时间的推进而增大。同一未来时期,在 RCP8.5
情景下模式间不确定性较 RCP4.5 情景下更大。

采用 NEX-GDDP 的 18 个 CMIP5 全球模式降尺度的集合平均预估了
RCP4.5 与 RCP8.5 两种排放情景下哈萨克斯坦年平均气温近期(2020—2039
年)、中期(2040—2059 年)和远期(2080—2099 年)的空间变化。在 RCP4.5 和
RCP8.5 两种情景下,相对于历史时期(1986—2005 年),近期、中期和远期哈萨克
斯坦年平均气温变化的空间分布均表现为一致性增温。在两种情景下三个未来
时期,哈萨克斯坦气温增幅普遍随着纬度增加。不管对于 RCP4.5 情景或者
RCP8.5 的排放情景,从近期到中期再到远期,年平均气温上升幅度不断增强。在
RCP4.5 排放情景下,近期(2020—2039 年),哈萨克斯坦年平均气温的增幅在 1.5 ℃
左右;在中期(2040—2059 年),则普遍在 1.5~2.5 ℃之间;到了远期,年平均气温
增幅进一步加大。同一未来时期,哈萨克斯坦年平均气温的增幅在 RCP8.5 情景
下明显高于在 RCP4.5 情景下的增幅。

图 5.8 给出了 RCP4.5 和 RCP8.5 情景下,相对于历史时期(1986—2005
年),多模式集合预估的哈萨克斯坦年平均气温的空间平均值近期(2020—2039
年)、中期(2040—2059 年)和远期(2080—2099 年)的变化。未来三个时期哈萨克
斯坦年平均气温的空间平均值变化较为一致,均表现为显著的增温趋势。在
RCP4.5 情景下,增温幅度分别为 1.30 ℃,2.02 ℃和 2.76 ℃(99%信度水平以

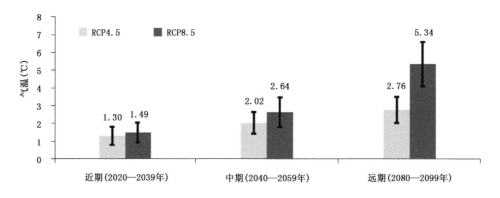

图 5.8　RCP4.5 和 RCP8.5 两种排放情景下,相对于历史时期(1986—2005 年),
哈萨克斯坦年平均气温的空间平均值近期(2020—2039 年)、中期(2040—2059 年)和
远期(2080—2099 年)的变化(单位:℃)
均为 NEX-GDDP 的 18 个 CMIP5 全球模式降尺度结果的集合平均。全部数值通过了
99%信度检验,误差条表示上下一个模式间标准差

上)。相比较于 RCP4.5 情景下,RCP8.5 情景下的增温幅度更大,分别为 1.49 ℃,2.64 ℃和 5.34 ℃(99%信度水平以上)。不管是 RCP4.5 情景下还是 RCP8.5 情景下,未来三个时段哈萨克斯坦年平均气温的增温幅度均大于"一带一路"主要区域的增温幅度 (1.16 ℃,1.79 ℃和 2.46 ℃;1.33 ℃,2.38 ℃和 4.91 ℃)(图 3.13和图 5.8)以及中纬度的蒙古国的增温幅度(1.19 ℃,1.89 ℃和 2.56 ℃;1.46 ℃,2.52 ℃和 5.24 ℃)(图 5.7 和图 5.8)。在 RCP4.5 情景下,近期、中期和远期模式间的标准差分别为 0.51 ℃,0.61 ℃和 0.72 ℃;在 RCP8.5 情景下,分别为 0.54 ℃,0.81 ℃和 1.23 ℃(图 5.8)。可以看出,同一排放情景下,未来三个时段哈萨克斯坦年平均气温模式间的不确定性随着时间的推进而增大。同一未来时期,在RCP8.5 情景下模式间不确定性比 RCP4.5 情景下更大。

采用 NEX-GDDP 的 18 个 CMIP5 全球模式降尺度结果的集合平均预估了在RCP4.5 和 RCP8.5 情景下泰国年平均气温近期(2020—2039 年)、中期(2040—2059 年)和远期(2080—2099 年)的空间变化。在 RCP4.5 和 RCP8.5 两种情景下,相对于历史时期(1986—2005 年),近期、中期和远期泰国年平均气温变化的空间分布均表现为一致性增温。在两种情景下三个未来时期,泰国气温增幅普遍表现为北部比南部更高。不管对于 RCP4.5 情景或者 RCP8.5 情景,从近期到中期再到远期,年平均气温上升幅度不断增强。在 RCP4.5 排放情景下,近期泰国年平均气温的增幅在 1 ℃以下,至中期进一步增强,到远期则更大。同一未来时期,泰国年平均气温的增幅在 RCP8.5 情景下明显高于在 RCP4.5 情景下的增幅。

图 5.9 给出了 RCP4.5 和 RCP8.5 情景下,相对于历史时期(1986—2005年),多模式集合预估的泰国年平均气温的空间平均值近期(2020—2039 年)、中期(2040—2059 年)和远期(2080—2099 年)的变化。在 RCP4.5 情景下,泰国年平均气温空间平均值的增幅分别为 0.85 ℃,1.32 ℃和 1.84 ℃(99%信度水平以上)。相比较于 RCP4.5 情景下,RCP8.5 情景下的增温幅度更大,分别为 0.96 ℃,1.72 ℃和 3.54 ℃(99%信度水平以上)。不管是 RCP4.5 情景下还是 RCP8.5 情景下,未来三个时期泰国年平均气温的增温幅度均小于"一带一路"主要区域的增温幅度 (1.16 ℃,1.79 ℃和 2.46 ℃;1.33 ℃,2.38 ℃和 4.91 ℃)(图 3.13 和图 5.9)以及中纬度的蒙古国(1.19 ℃,1.89 ℃和 2.56 ℃;1.46 ℃,2.52 ℃和5.24 ℃)(图 5.7 和图 5.9)和哈萨克斯坦的增温幅度(1.30 ℃,2.02 ℃和2.76 ℃;1.49 ℃,2.64 ℃和 5.34 ℃)(图 5.8 和图 5.9)。在 RCP4.5 情景下,近期、中期和远期模式间的标准差分别为 0.26 ℃,0.41 ℃和 0.58 ℃;在 RCP8.5 情景下,分别

为0.33 ℃,0.48 ℃和1.02 ℃(图5.9)。可以看出,同一排放情景下,未来三个时段泰国年平均气温模式间的不确定性随着时间的推进而增大。同一未来时期,在RCP8.5情景下模式间不确定性比RCP4.5情景下更大。

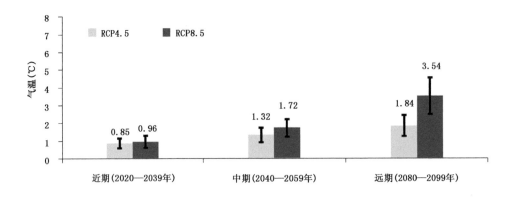

图5.9　RCP4.5和RCP8.5两种排放情景下,相对于历史时期(1986—2005年),
泰国年平均气温的空间平均值近期(2020—2039年)、中期(2040—2059年)和
远期(2080—2099年)的变化(单位:℃)
均为NEX-GDDP的18个CMIP5全球模式降尺度结果的集合平均。全部数值通过了
99%信度检验,误差条表示上下一个模式间标准差

5.5　未来降水变化多模式集合预估

采用NEX-GDDP的18个CMIP5全球模式降尺度结果的集合平均预估了RCP4.5和RCP8.5两种排放情景下蒙古国年平均降水近期(2020—2039年)、中期(2040—2059年)和远期(2080—2099年)的空间变化。在RCP4.5和RCP8.5两种情景下,相对于历史时期(1986—2005年),近期、中期和远期蒙古国年平均降水量变化的空间分布较为一致,年平均降水量普遍增加,且降水量多的地区,未来降水量增加的幅度也较大。不管对于RCP4.5或RCP8.5的排放情景,从近期到中期再到远期,年平均降水量变化幅度都不断增强,尤其是蒙古国北部降水量较大的地区表现更明显。比如在RCP4.5排放情景下,近期蒙古国许多面积年平均降水量的增幅在0.03 mm/d以下;中期时,降水量增幅增加,尤其是北部地区;到了远期,北部地区未来降水量的增幅进一步加大。同一未来时期,蒙古国年平均降水量的变化幅度在RCP8.5情景下总体上均大于RCP4.5情景。相比较而言,

在 RCP8.5 排放情景下,近期和中期,蒙古国大部分地区年平均降水量的增幅与 RCP4.5 情景下相差不大;到了远期,蒙古国北部地区降水量的增幅比 RCP4.5 情景下的增幅明显更大。

图 5.10 展示了 RCP4.5 和 RCP8.5 情景下,相对于历史时期(1986—2005 年),多模式集合平均预估的蒙古国年平均降水量的空间平均值近期(2020—2039 年)、中期(2040—2059 年)和远期(2080—2099 年)的变化。在 RCP4.5 和 RCP8.5 情景下,相对于历史时期(1986—2005 年),蒙古国年平均降水量的空间平均值近期、中期和远期都表现为增加趋势。近期,年平均降水量的增加幅度在 RCP4.5 与 RCP8.5 两种情景下相近,分别为 0.02 mm/d 和 0.03 mm/d,均未通过 90% 的信度检验。至中期,在两种排放情景下,年平均降水量都将增加约 0.05 mm/d,通过了 95% 信度检验。到远期,年平均降水量在两种情景下将分别增加 0.05 mm/d 和 0.08 mm/d,均通过了 95% 的信度检验。不管是 RCP4.5 情景下还是 RCP8.5 情景下,未来三个时期蒙古国年平均降水量的增加幅度均小于"一带一路"主要区域的增加幅度(0.07 mm/d,0.11 mm/d 和 0.16 mm/d;0.07 mm/d,0.13 mm/d 和 0.28 mm/d)(图 4.13 和图 5.10)。在 RCP4.5 情景下,蒙古国降水量增加幅度近期、中期和远期模式间的标准差分别为 0.03 mm/d,0.03 mm/d 和 0.04 mm/d;在 RCP8.5 情景下,分别为 0.03 mm/d,0.04 mm/d 和 0.06 mm/d (图 5.10)。

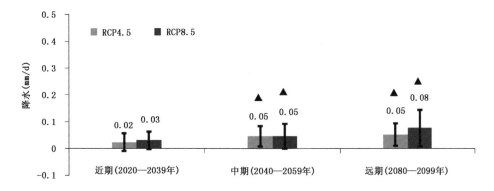

图 5.10 RCP4.5 和 RCP8.5 两种排放情景下,相对于历史时期(1986—2005 年),蒙古国年平均降水量的空间平均值近期(2020—2039 年)、中期(2040—2059 年)和远期(2080—2099 年)的变化(单位:mm/d)。

均为 NEX-GDDP 的 18 个 CMIP5 全球模式降尺度结果的集合平均。▲表示通过 95% 信度检验,误差条表示上下一个模式间标准差多模式集合平均预估了 RCP4.5 和 RCP8.5 排放情景下哈萨克斯坦年平均降水量近期(2020—2039 年)、中期(2040—2059 年)和远期(2080—2099 年)变化的空间分布。在 RCP4.5 和 RCP8.5 两种情景下,相对于历史时期(1986—2005 年),近期、中期和远期哈萨克斯坦年平均降水量变化空间上普遍增加,大体呈现出从西南向东北增幅不断增加的趋势。不管对于 RCP4.5 或 RCP8.5 的排放情景,从近期到中期再到远期,年平均降水量变化幅度都不断增强,尤其是年降水量较大地区。在 RCP4.5 排放情景下,近期哈萨克斯坦许多面积年平均降水量的增幅在 0.04 mm/d 以下;中期时,降水量增幅持续增加;到了远期,东部地区未来降水量的增幅进一步加大,增幅最大的超过 0.1 mm/d。同一未来时期,哈萨克斯坦年平均降水量的变化幅度在 RCP8.5 情景下总体上均大于 RCP4.5 情景。在 RCP8.5 排放情景下,到了远期,哈萨克斯坦未来降水量的增幅比 RCP4.5 情景更为明显。

图 5.11 给出了 RCP4.5 和 RCP8.5 情景下,相对于历史时期(1986—2005 年),多模式集合预估的哈萨克斯坦年平均降水量的空间平均值近期(2020—2039 年)、中期(2040—2059 年)和远期(2080—2099 年)的变化。在 RCP4.5 和 RCP8.5 情景下,相对于历史时期(1986—2005 年),未来三个时期哈萨克斯坦年平均降水量的空间平均值都表现为增加趋势。在两种排放情景下,近期(2020—2039 年),年平均降水量的增加幅度比较接近,分别为 0.03 mm/d 和 0.04 mm/d,

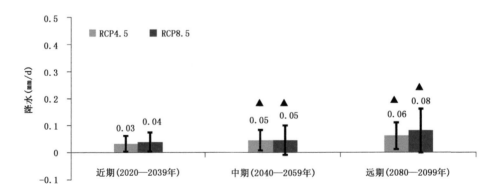

图 5.11 RCP4.5 和 RCP8.5 两种排放情景下,相对于历史时期(1986—2005 年),
哈萨克斯坦年平均降水量的空间平均值近期(2020—2039 年)、中期(2040—2059 年)和
远期(2080—2099 年)的变化(单位:mm/d)。
均为 NEX-GDDP 的 18 个 CMIP5 全球模式降尺度结果的集合平均。▲表示通过
95%信度检验,误差条表示上下一个模式间标准差

均未通过 90％信度检验。至中期,年平均降水量将在两种排放情景下均增加约 0.05 mm/d,通过了 95％信度检验。到远期,年平均降水量在两种情景下将分别增加 0.06 mm/d 和 0.08 mm/d,均通过了 95％的信度检验。不管是 RCP4.5 情景下还是 RCP8.5 情景下,未来三个时期哈萨克斯坦年平均降水量的增加幅度均小于"一带一路"主要区域增加幅度(0.07 mm/d,0.11 mm/d 和 0.16 mm/d;0.07 mm/d,0.13 mm/d 和 0.28 mm/d)(图 4.13 和图 5.11)。在 RCP4.5 情景下,哈萨克斯坦降水量增加幅度近期、中期和远期模式间的标准差分别为 0.02 mm/d,0.03 mm/d 和 0.04 mm/d;在 RCP8.5 情景下,分别为 0.03 mm/d,0.05 mm/d 和 0.08 mm/d(图 5.11)。

多模式集合平均预估了 RCP4.5 和 RCP8.5 排放情景下泰国年平均降水量近期(2020—2039 年)、中期(2040—2059 年)和远期(2080—2099 年)的空间变化。在 RCP4.5 和 RCP8.5 两种情景下,相对于历史时期(1986—2005 年),近期、中期和远期泰国年平均降水量变化均表现为一致性增加的空间分布。不管对于 RCP4.5 或 RCP8.5 的排放情景,从近期到中期再到远期,年平均降水量变化幅度都不断增强。在 RCP4.5 排放情景下,近期,泰国许多地区年平均降水量的增幅在 0.25 mm/d 以下;在中期,降水量增幅持续增加;到了远期,未来降水量的增幅进一步加大。同一未来时期,泰国年平均降水量的变化幅度在 RCP8.5 情景下总体上均大于 RCP4.5 情景。在 RCP8.5 排放情景下,到了远期,泰国未来降水量的增幅比 RCP4.5 情景下大不少。

图 5.12 给出了 RCP4.5 和 RCP8.5 情景下,相对于历史时期(1986—2005 年),多模式集合预估的泰国年平均降水量的空间平均值近期(2020—2039 年)、中期(2040—2059 年)和远期(2080—2099 年)的变化。在 RCP4.5 和 RCP8.5 情景下,相对于历史时期(1986—2005 年),未来三个时期泰国年平均降水量的空间平均值均表现为显著的增加趋势。在两种情景下,近期年平均降水量的增加幅度相近,分别为 0.19 mm/d 和 0.17 mm/d(95％信度水平以上);至中期,年平均降水量将在两种排放情景下进一步增加,增幅分别为 0.29 mm/d 和 0.40 mm/d(99％信度水平以上);到远期,年平均降水量在两种情景下将分别增加 0.51 mm/d 和 0.80 mm/d(99％信度水平以上)。不管是 RCP4.5 情景下还是 RCP8.5 情景下,未来三个时期泰国年平均降水量的增加幅度均远大于"一带一路"主要区域和中纬度蒙古国以及哈萨克斯坦降水量增幅。在 RCP4.5 情景下,泰国降水增加幅度近期、中期和远期模式间的标准差分别为 0.24 mm/d,0.21 mm/d 和 0.35 mm/d;

在 RCP8.5 情景下,分别为 0.24 mm/d,0.28 mm/d 和 0.71 mm/d(图 5.12)。

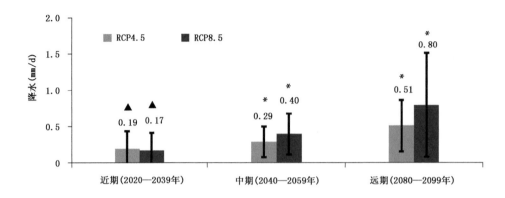

图 5.12 RCP4.5 和 RCP8.5 两种排放情景下,相对于历史时期(1986—2005 年),
泰国年平均降水量的空间平均值近期(2020—2039 年)、中期(2040—2059 年)和
远期(2080—2099 年)的变化(单位:mm/d)。
均为 NEX-GDDP 的 18 个 CMIP5 全球模式降尺度结果的集合平均。▲和 * 分别表示
通过 95% 和 99% 信度检验,误差条表示上下一个模式间标准差

5.6 小结

本章以蒙古国、哈萨克斯坦和泰国为例开展了"一带一路"气候变化国别研究。首先利用 GHCN-CAMS 和 CRU 观测数据集评估了 NEX-GDDP 的 18 个 CMIP5 全球模式降尺度数据对三个国家历史时期(1986—2005 年)气温和降水的模拟能力,然后采用多模式集合平均的结果预估了 RCP4.5 与 RCP8.5 两种排放情景下近期(2020—2039 年)、中期(2040—2059 年)以及远期(2080—2099 年)三个国家气温与降水相对于历史时期的变化。主要的研究结果如下。

NEX-GDDP 的 18 个 CMIP5 全球模式降尺度数据的集合平均结果比较准确再现了观测数据中蒙古国、哈萨克斯坦与泰国三个国家历史时期(1986—2005 年)的气温和降水的气候态空间分布特征与空间平均值。模式降尺度数据能够提供细节的局地到国家尺度上的气候变化特征。

NEX-GDDP 的 18 个 CMIP5 全球模式降尺度结果的集合平均预估表明,在 RCP4.5 和 RCP8.5 两种情景下,相对于历史时期(1986—2005 年),蒙古国、哈萨克斯坦和泰国未来三个时期(2020—2039 年,2040—2059 年和 2080—2099 年)年

平均气温变化的空间分布均表现为显著的增温,且增温幅度随着时间的推进而增大,其中哈萨克斯坦的增温幅度最大,蒙古国次之,低纬度的泰国增温幅度最小。在 RCP4.5 和 RCP8.5 两种情景下,哈萨克斯坦和蒙古国的增温幅度均大于"一带一路"主要区域的增幅,而泰国的增幅小于"一带一路"主要区域的增幅。在同一未来时期,RCP8.5 情景下的增温幅度在数值上普遍大于 RCP4.5 情景。尤其是 RCP8.5 情景下的远期(2080—2099 年),预计哈萨克斯坦、蒙古国和泰国三个国家平均气温增幅分别可达 5.34 ℃,5.24 ℃ 和 3.54 ℃(99% 信度水平以上)。

不管是在 RCP4.5 情景下或者 RCP8.5 情景下,未来三个时期三个国家中哈萨克斯坦的增温的模式间不确定性最高,蒙古国次之,泰国最小。同一排放情景下,未来三个时段增温的模式间不确定性随着时间的推移而增大。同一未来时期,在 RCP8.5 情景下增温的模式间不确定性比 RCP4.5 情景下更大。

NEX-GDDP 的 18 个 CMIP5 全球模式降尺度结果的集合平均预估表明,在 RCP4.5 和 RCP8.5 两种情景下,相对于历史时期(1986—2005 年),蒙古国、哈萨克斯坦和泰国三国未来三个时期(2020—2039 年,2040—2059 年和 2080—2099 年)年平均降水量变化普遍表现为增加,且增加幅度随着时间的推进而增大,其中位于中纬度的蒙古国和哈萨克斯坦未来降水量的增加幅度较小。相比于蒙古国和哈萨克斯坦,位于低纬度热带的泰国未来年平均降水量增幅明显更大。在两种情景下,泰国未来降水量的增幅远超"一带一路"主要区域的增幅,而哈萨克斯坦和蒙古国未来降水量的增加幅度则均小于"一带一路"主要区域的增幅。在同一时段下,RCP8.5 情景下三个国家未来降水量的增幅在数值上普遍大于 RCP4.5 情景,尤其是 RCP8.5 情景下远期(2080—2099 年),预估泰国年平均降水增加可达 0.80 mm/d(99% 信度水平以上)。

同一排放情景下,未来三个时期(2020—2039 年,2040—2059 年与 2080—2099 年)蒙古国、哈萨克斯坦与泰国三个国家年平均降水变化的模式间不确定性均随着时间的推移而增大。同一未来时期,三个国家年平均降水量变化的模式间不确定性在 RCP8.5 情景下较 RCP4.5 情景下更大。在 RCP4.5 或 RCP8.5 排放情景下任何一个未来时期,泰国的降水变化的模式间不确定性最高,哈萨克斯坦次之,蒙古国最小。

第6章

总结和展望

6.1　引言

"一带一路"主要区域人口众多,气候、地理与地质条件复杂多样,社会经济发展状况差异明显,普遍对气候变化的敏感程度与脆弱性高。在全球不断升温背景下,频繁发生的天气气候灾害对"一带一路"主要区域造成了深重影响,导致人类健康与生命的重大损失、气候贫穷与移民、社会经济和生态系统的严重损害。"一带一路"主要区域不仅深受气候变化影响与威胁,而且是温室气体的重要排放源区,在应对气候变化、促进全球气候有效治理及可持续发展方面发挥至关重要的作用。中国的实践与经验表明,在应对气候变化、促进可持续发展转型过程中采用节能减排、清洁能源利用等一系列措施,不仅有助于防范与降低气候变化风险、促进气候有效治理,而且对治理大气污染产生了很大的协同共赢效应。应对气候变化是"一带一路"国家以及全球面对的重大共性挑战,但是,对"一带一路"主要区域气候变化事实与未来预估方面的研究明显缺乏。

2018 年 10 月,我们出版了《"一带一路"主要地区气候变化与极端事件时空特征研究》一书,系统分析了 1988—2017 年气候变化与极端天气气候事件的特征与演变规律并揭示出了近 30 a 气候变化关键区(张井勇等,2018)。建立在气候变化事实研究的基础上,本书旨在开展"一带一路"主要区域气候变化未来预估的系统研究,以期提供从局地、次区域到区域尺度上未来气候变化的主要特征,并给出信度水平及变化的不确定性范围。

本书首先采用 GHCN-CAMS 与 CRU 两套格点观测资料,评估和检验了来自 NEX-GDDP 的 18 个 CMIP5 全球模式降尺度结果(分辨率为 0.25°,约为 25 km)对"一带一路"主要区域历史时期(1986—2005 年)气温与降水的模拟能力。然后,利用 NEX-GDDP 的 18 个 CMIP5 全球模式高分辨率降尺度结果的集合平均预估了"一带一路"主要区域 RCP4.5 与 RCP8.5 两种排放情景下未来不同时期包括近期、中期与远期(2020—2039 年、2040—2059 年与 2080—2099 年)的气候变化。RCP4.5 代表中等排放情景,RCP8.5 代表高排放情景。另外,在"一带一路"主要区域温度空间平均值未来预估中,我们还采用了 GHCN-CAMS 观测的线性趋势外推。进一步以蒙古国、哈萨克斯坦与泰国为例开展了"一带一路"气候变化国别研究。最后,对主要结论进行了总结并给出了展望。两本书的研究成果有望为"一带一路"主要区域合作协同有序应对气候变化、共建绿色与清洁美丽"丝绸之路"以及促进区域以及全球生态文明建设与可持续发展提供科学参考。

6.2　总结

历史时期(1986—2005 年)评估与检验结果表明,与两套观测格点资料相比较,来自 NEX-GDDP 的 18 个 CMIP5 全球模式降尺度结果的集合平均能够比较准确刻画出"一带一路"主要区域温度与降水气候态的空间分布、区域平均值及年循环。例如,整个区域多模式集合平均的年平均气温空间平均值与观测相差不超过 0.15 ℃,而年平均降水量偏差则仅为 0.01 mm/d。与观测比较,单个模式降尺度结果的气温与降水量误差普遍也比较小。这为进一步采用 NEX-GDDP 的 18 个 CMIP5 全球模式降尺度结果的集合平均预估"一带一路"主要区域未来气候变化提供了研究基础。

相对于历史时期(1986—2005 年),NEX-GDDP 的 18 个 CMIP5 全球模式降尺度结果的集合平均预估"一带一路"主要区域在 RCP4.5 与 RCP8.5 两种排放情景下未来不同时期均表现出一致显著增温(99%信度水平以上),除青藏高原以外相对高的纬度地区普遍比低纬度地区增暖更强,同时模式间不确定性也相对更大。同一排放情景下,"一带一路"主要区域局地到次区域尺度上的气温从近期(2020—2039 年)至中期(2040—2059 年)到远期(2080—2099 年)持续上升。三种未来时期,RCP8.5 情景下增温幅度均比 RCP4.5 情景下更大,两种排放情景下增温差异随时间推移而增强。在 RCP8.5 情景下,预计远期或 21 世纪末 30°N 以北的许多地区增温幅度超过 5 ℃。

就"一带一路"主要区域空间平均而言,多模式集合平均预估相对于历史时期(1986—2005 年),在 RCP4.5 中等排放情景下年平均气温在 2020—2039 年、2040—2059 年与 2080—2099 年将分别显著升高 1.16 ℃,1.79 ℃与 2.46 ℃(99%信度水平以上)。在 RCP8.5 高排放情景下,年平均升温幅度更高,分别为 1.33 ℃,2.38 ℃与 4.91 ℃(99%信度水平以上)。在两种排放情景下,增温的年循环都表现为高一致性。从近期(2020—2039 年)至中期(2040—2059 年)到远期(2080—2099 年),在同一排放情景下,预计"一带一路"主要区域空间平均的年平均增暖幅度不断快速增加。比较而言,RCP8.5 情景下比 RCP4.5 情景下"一带一路"主要区域空间平均增暖更强更显著,但也有更大的模式间的不确定性。

采用观测数据线性外推预估表明,"一带一路"主要区域空间平均的年平均气

温相对于历史时期(1986—2005 年)在近期(2020—2039 年)与中期(2040—2059
年)分别增加 1.20 ℃与 1.89 ℃,增温幅度均介于 RCP4.5 与 RCP8.5 之间。在全
球相对于工业革命前升温 1.5 ℃的时间段(2030—2052 年),线性外推预估结果表
明"一带一路"主要区域空间平均的年平均气温相对于历史时期(1986—2005 年)
增加幅度为 1.60 ℃。而在 21 世纪 20 年代、30 年代、40 年代与 50 年代,增温幅度
则分别为 1.03 ℃,1.39 ℃,1.74 ℃与 2.09 ℃。

　　NEX-GDDP 的 18 个 CMIP5 全球模式降尺度结果的集合平均预估结果表明,
"一带一路"主要区域未来降水变化具有明显的空间差异性。一般而言,在
RCP4.5 与 RCP8.5 两种排放情景下的三个不同时期(2020—2039 年,2040—
2059 年与 2080—2099 年),未来降水相对于历史时期(1986—2005 年)变化的空
间分布较为一致:预计在地中海地区与西亚的部分地区以及西非的少部分地区降
水将减少,而在其余的绝大多数地区降水则增加。同一排放情景下,未来降水变
化的幅度随着时间推移不断增加;同一未来时期,RCP8.5 比 RCP4.5 情景下变化
幅度更大。"一带一路"主要区域干湿区域的未来降水对比将更明显,尤其在
RCP8.5 情景下的远期(2080—2099 年)。在湿润的亚非雨林区及季风区,降水增
加幅度更大;而在从中国北方与蒙古国经中亚和西亚至北非的干旱/半干旱带,降
水增幅小或下降。结果导致亚非雨林与季风区与亚非干旱/半干旱带的降水差异
在将来变得更大。比较而言,"一带一路"主要区域未来降水变化的显著性比气温
变化低,但在 RCP8.5 情景下的 2080—2099 年除一些干旱/半干旱面积以外降水
变化普遍通过了 95%的信度检验。最大的模式间的不确定性出现在年降水量普
遍多的中国东南部、青藏高原南麓、东南亚、南亚除西北部以外地区以及赤道附近
非洲的一些地区。

　　多模式集合预估的"一带一路"主要区域空间平均值结果表明,相对于历史时
期(1986—2005 年),近期(2020—2039 年),年平均降水量在 RCP4.5 与 RCP8.5
两种排放情景下均将增加大约 0.07 mm/d,未通过 90%信度检验;到中期(2040—
2059 年),年平均降水量在 RCP4.5 和 RCP8.5 情景下将增加 0.11 mm/d 和 0.13
mm/d,分别通过了 90%与 95%的信度检验;到远期或 21 世纪末(2080—2099
年),年平均降水在 RCP4.5 与 RCP8.5 情景下将分别增加 0.16 mm/d 与 0.28
mm/d,均通过了 95%信度检验。比较而言,在 RCP8.5 情景下到 21 世纪末
(2080—2099 年),年平均降水量增加最多最显著但也表现出最大的模式间不确定
性。预计 RCP8.5 情景下 2080—2099 年,"一带一路"主要区域空间平均的降水量

年循环存在一定程度的变化。

以蒙古国、哈萨克斯坦与泰国为例,开展了"一带一路"沿线国家气候变化国别研究。与观测相比,NEX-GDDP 的 18 个 CMIP5 全球模式降尺度结果的集合平均能够比较准确模拟历史时期(1986—2005 年)蒙古国、哈萨克斯坦与泰国年平均气温与降水气候态的空间分布与空间平均值。NEX-GDDP 的 18 个 CMIP5 全球模式降尺度结果的集合平均预估结果表明,相对于历史时期(1986—2005 年),三个国家在 RCP4.5 与 RCP8.5 两种排放情景下三个未来时期(2020—2039 年,2040—2059 年与 2080—2099 年)年平均气温均显著增加,其中哈萨克斯坦增温最大。预计在 RCP8.5 情景下 2080—2099 年,哈萨克斯坦、蒙古国与泰国国家平均气温将分别升高 5.34 ℃,5.24 ℃与 3.54 ℃(99%的信度水平以上)。在两种排放情景下三个未来时期,多模式集合预估三个国家的国家平均降水均增加,但是蒙古国与哈萨克斯坦增加幅度小,均在 0.08 mm/d 以下。与位于中纬度的蒙古国与哈萨克斯坦相比较,位于热带的泰国国家平均降水量增幅大得多,在 RCP8.5 情景下 2080—2099 年可达 0.80 mm/d(99%的信度水平以上)。

6.3 展望

基于水平分辨率为 0.25°的 18 个 CMIP5 全球模式统计降尺度数据,本研究提供了不同排放情景下近期、中期与远期"一带一路"主要区域未来气候变化多模式集合预估结果,并给出了信度水平与模式间不确定性范围。将来,可采用高分辨率全球—区域模式系统动力降尺度模拟,结合统计降尺度分析,开展"一带一路"主要区域气候变化的综合集成未来预估研究。

世界经济论坛发布的《2018 年全球风险报告》列出了经济、环境、地缘政治、社会和技术在内的多种风险,综合来看,气候变化及极端天气气候事件被认为是人类社会面临的最重大风险(WEF,2018)。本书对"一带一路"主要区域未来气候变化包括平均气温和降水变化进行了系统预估研究,将来需要进一步采用 CMIP5/CMIP6 全球模式降尺度结果预估未来干旱、高温、暴雨等极端气候的变化,以期为有效应对未来相关风险提供科学参考依据。

气候变化风险不仅依赖于当前和未来的气候致灾因子,而且与承载体的暴露度、脆弱性以及适应性密切相关。未来,需要结合承载体的状况,系统分析"一带一路"主要区域气候变化以及极端天气气候对人口、城市系统、农业、社会经济、投资贸易、重大项目、基础设施等的影响,进一步加强沿线主要国家国别研究,提高对"一带一路"气候变化风险的认识,为沿线地区防灾减灾以及管理灾害风险提供科学基础以及我国与相关国家开展各方面合作提供气候变化风险信息支持。

目前,超过 40 亿或 50％～60％的世界人口生活在城市(UN-DESA-PD,2014)。到 2050 年,预计将新增 25 亿城市人口,其中绝大多数增长发生在"一带一路"主要区域。气候变化加上诸如热岛效应等局地城市气候影响,城市居民面临更加严重的高温、暴雨等天气气候灾害风险。未来,应当加强"一带一路"主要区域城市气候变化研究,预防与降低相关的灾害影响。同时,"一带一路"主要区域城市应当加强合作协同应对气候变化,在推进国际气候治理与可持续发展进程中发挥更积极作用。

面对严峻的气候变化挑战,中国开展了卓有成效的国内应对行动,不断推动绿色低碳转型,积累了丰富的实践经验。同时,中国积极参与和引导全球气候治理,并通过南南合作等帮助发展中国家提高应对气候变化能力,在应对全球气候变化风险挑战中发挥着越来越重要的作用。"一带一路"国家共同面临气候变化的严峻挑战,"一带一路"建设为相关国家以及全球携手合作应对气候变化提供了合作与实践平台。

未来,可在"一带一路"框架下,结合沿线国家的不同国情、发展阶段与技术需求,提升应对气候变化务实合作的广度与深度。合作内容可包括增强科技合作夯实应对气候变化的科学基础,分享中国以及其他国家减缓与适应的实践经验,共同提升节能减排与适应能力并增强与环境污染治理及社会经济发展的协同共赢效应,促进对发展中国家的技术解决方案及应对策略支持等方面,进而为"一带一路"气候变化应对及全球气候治理不断贡献中国智慧与力量,合作共建绿色与清洁美丽"丝绸之路",推进生态文明建设与可持续发展。

参考文献

《第三次气候变化国家评估报告》编写委员会，2015. 第三次气候变化国家评估报告[M]. 北京：科学出版社：
903.

丁一汇，李怡，2016. 亚非夏季风系统的气候特征及其长期变率研究综述[J]. 热带气象学报，**32**（6）：
786-796.

符淙斌，董文杰，温刚，等，2003. 全球变化的区域响应和适应[J]. 气象学报，**61**（2）：245-250.

国家发展和改革委员会，外交部，商务部，2015. 推动共建丝绸之路经济带和 21 世纪海上丝绸之路的愿景与
行动[EB/OL]. http://www.xinhuanet.com/world/2015-03/28/c_1114793986.htm

国家信息中心"一带一路"大数据中心，2018. "一带一路"大数据报告 2018 [M]. 北京：商务印书馆：219.

刘昌明，刘文彬，傅国斌，等，2012. 气候影响评价中统计降尺度若干问题的探讨[J]. 水科学进展，**23**（3）：
427-437.

刘东生，2002. 全球变化与可持续发展科学[J]. 地学前沿，**9**（1）：1-9.

刘燕华，钱凤魁，王文涛，等，2013. 应对气候变化的适应技术框架研究[J]. 中国人口·资源与环境，**23**（5）：
1-6.

秦大河，张建云，闪淳昌，等，2015. 中国极端天气气候事件和灾害风险管理与适应国家评估报告（精华版）
[M]. 北京：科学出版社：109.

生态环境部，2018. 中国应对气候变化的政策与行动 2018 年度报告[R/OL]. http://www.mee.gov.cn/
xxgk/tz/201811/P020181129538579392627.pdf.

世界气象组织（WMO），2018：WMO 2017 年全球气候状况声明. WMO-No.1212[Z]. https://library.wmo.
int/doc_num.php? explnum_id＝4520.

孙健，廖军，2018. "一带一路"气象服务战略研究[M]. 北京：气象出版社：212.

谭显春，顾佰和，王毅，2017. 气候变化对我国中长期发展的影响分析及对策建议. 中国科学院院刊，**32**
（9）：1029-1035.

王劲松，陈发虎，靳立亚，等，2008. 亚洲中部干旱区在 20 世纪两次暖期的表现[J]. 冰川冻土，**30**（2）：224-
233.

王伟光，刘雅鸣，2017. 应对气候变化报告：坚定推动落实《巴黎协定》[M]. 北京：社会科学文献出版社：398.

吴昊雯，黄安宁，何清，等，2013. 北京气候中心气候模式 1.1 版预估中亚地区未来 50 年地面气温时空变化
特征[J]. 气象学报，**71**（2）：261-274.

谢伏瞻，刘雅鸣，2018. 应对气候变化报告 2018：聚首卡托维兹 [M]. 北京：社会科学文献出版社：388.

徐冠华，葛全胜，宫鹏，等，2013. 全球变化和人类可持续发展：挑战与对策[J]. 科学通报，**58**（21）：
2100-2106.

叶笃正，符淙斌，季劲钧，等，2001. 有序人类活动与生存环境[J]. 地球科学进展，**16**(4)：453-460.

张井勇，吴凌云，2014. 陆-气相互作用对东亚气候的影响[M]. 北京：气象出版社：138.

张井勇，庄园煌，李超凡，等，2018. "一带一路"主要地区气候变化与极端事件时空特征研究[M]. 北京：气象出版社：91.

Alcamo J，Dronin N，Endejan M，et al，2007. A new assessment of climate change impacts on food production shortfalls and water availability in Russia[J]. *Global Environmental Change*，**17**(3-4)：429-444.

Cha D H，Lee D K，Jin C S，et al，2016. Future changes in summer precipitation in regional climate simulations over the Korean Peninsula forced by multi-RCP scenarios of HadGEM2-AO[J]. *Asia-Pacific Journal of Atmospheric Sciences*，**52**(2)：139-149.

Chaturvedi R K，Joshi J，Jayaraman M，et al，2012. Multi-model climate change projections for India under representative concentration pathways[J]. *Current Science*，**103**(7)：791-802.

Chen F，Wang J，Jin L，et al，2009. Rapid warming in mid-latitude central Asia for the past 100 years[J]. *Front Earth Science China*，**3**(1)：42-50.

Chen M，Xie P，Janowiak J E，et al，2002. Global Land Precipitation：A 50-yr Monthly Analysis Based on Gauge Observations[J]. *Journal of Hydrometeorology*(3)：249-266.

Christensen J H，Kumar K K，Aldrian E，et al，2013. Climate phenomena and their relevance for future regional climate change[C]// Stocker T F，Qin D，Plattner G K，et al. Climate Change 2013. The Physical science basis. Contribution of Working Group I to the Fifth Assessment Report of the Intergovernmental Panel on Climate Change. Cambridge，United Kingdom and New York：Cambridge University Press.

Christensen J H，Hewitson B，Busuioc A，et al，2007. Regional climate projections[C]// Solomon S，Qin D，Manning M，et al. Climate Change 2007. The Physical Science Basis. Contribution of Working Group I to the Fourth Assessment Report of the Intergovernmental Panel on Climate Change. Cambridge，UK and New York：Cambridge University Press：847-940.

Chou C，Neelin J D，Chen C A，et al，2009. Evaluating the "rich-get-richer" mechanism in tropical precipitation change under global warming[J]. *Journal of Climate*，**22**(8)：1982-2005. DOI：10.1175/2008jcli2471.1.

Collins J M，2011. Temperature variability over Africa[J]. *Journal of Climate*，**24**：3649-3666. DOI：10.1175/2011jcli3753.1.

Della-Marta P M，Haylock M R，Luterbacher J，et al，2007. Doubled length of western European summer heat waves since 1880[J]. *Journal of Geophysical Research：Atmospheres*，**112**：D15103. DOI：10.1029/2007JD008510.

Diffenbaugh N S，Scherer M，2011. Observational and model evidence of global emergence of permanent，unprecedented heat in the 20th and 21st centuries[J]. *Climatic Change*，**107**(3-4)：615-624.

Dong B，Sutton R T，Shaffrey L，2017. Understanding the rapid summer warming and changes in temperature extremes since the mid-1990s over Western Europe[J]. *Climate Dynamics*，**48**(5-6)：1537-1554. DOI：10.1007/s00382-016-3158-8.

Endo H, Kitoh A, Ose T, et al, 2012. Future changes and uncertainties in Asian precipitation simulated by multiphysics and multi-sea surface temperature ensemble experiments with high-resolution Meteorological Research Institute atmospheric general circulation models (MRI-AGCMs) [J]. *Journal of Geophysical Research: Atmospheres*, **117**: D16. DOI:10. 1029/2012JD017874

Fan Y, van den Dool H, 2008. A global monthly land surface air temperature analysis for 1948-present[J]. *Journal of Geophysical Research: Atmospheres*, **113**:D01103. DOI:10. 1029/2007JD008470.

Giorgi F, Jones C, Asrar G R, 2009. Addressing climate information needs at the regional level: the CORDEX framework[J]. *Bulletin-World Meteorological Organization*, **58**(3):175-183.

Goodess C, Jacob D, Déqué M, et al, 2009. Downscaling methods, data and tools for input to impacts assessments[M]// van der Linden P, Mitchell J F B. Climate Change and its Impacts: Summary of Research and Results from the ENSEMBLES Project. Met Office Hadley Centre, Exeter, UK. 59-78.

Guo H, 2018. Steps to the digital Silk Road[J]. *Nature*, **554**: 25-27.

Harris I C, Jones P D, 2017. CRU TS4. 01: Climatic Research Unit (CRU) Time-Series (TS) version 4. 01 of high-resolution gridded data of month-by-month variation in climate (Jan. 1901- Dec. 2016) [DS]. Centre for Environmental Data Analysis. 04 December 2017. DOI: 10. 5285/58a8802721c94c66ae45c3baa 4d814d0.

Harris I, Jones P D, Osborn T J, et al, 2014. Updated high-resolution grids of monthly climatic observations-the CRU TS3. 10 Dataset[J]. *International Journal of Climatology*, **34**(3): 623-642. DOI:10. 1002/joc. 3711.

Held I M, Soden B J, 2006. Robust responses of the hydrological cycle to global warming[J]. *Journal of Climate*, **19**(21): 5686-5699. DOI:10. 1175/jcli3990. 1.

Hong X, Lu R, Li S, 2017. Amplified summer warming in Europe-West Asia and Northeast Asia after the mid-1990s[J]. *Environmental Research Letters*, **12**, 094007.

IPCC, 2013. Summary for Policymakers[C]// Stocker, T F, Qin D, Plattner G K, *et al*. Climate Change 2013: The Physical Science Basis. Contribution of Working Group I to the Fifth Assessment Report of the Intergovernmental Panel on Climate Change. Cambridge, United Kingdom and New York: Cambridge University Press.

IPCC, 2014. Climate Change 2014: Synthesis Report[C]//Core Writing Team, R. K. Pachauri and L. A. Meyer. Contribution of Working Groups I, II and III to the Fifth Assessment Report of the Intergovernmental Panel on Climate Change. Geneva, Switzerland: IPCC: 151.

IPCC, 2018. Summary for Policymakers. Global warming of 1. 5°C[C]// Masson-Delmotte V, Zhai P, Pörtner H O, *et al*. An IPCC Special Report on the impacts of global warming of 1. 5°C above pre-industrial levels and related global greenhouse gas emission pathways, in the context of strengthening the global response to the threat of climate change, sustainable development, and efforts to eradicate poverty. Geneva, Switzerland: World Meteorological Organization: 32.

Iqbal W, Zahid M, 2014. Historical and future trends of summer mean air temperature over South Asia[J].

Pakistan Journal of Meteorology,**10**(20): 67-74.

Jacob D, Petersen J, Eggert B, et al, 2014. EURO-CORDEX: new high-resolution climate change projections for European impact research[J]. *Regional Environmental Change*, **14**(2): 563-578. DOI: 10. 1007/s10113-013-0499-2.

Kjellström E, Nikulin G, Hansson U, et al, 2011. 21st century changes in the European climate: Uncertainties derived from an ensemble of regional climate model simulations [J]. *Tellus A*, **63**(1): 24-40.

Lee J W, Hong S Y, Chang E C, et al, 2014. Assessment of future climate change over East Asia due to the RCP scenarios downscaled by GRIMs-RMP[J]. *Climate Dynamics*, **42**(3-4):733-747. DOI: 10. 1007/s00382-013-1841-6.

Lelieveld J, Hadjinicolaou P, Kostopoulou E, et al, 2012. Climate change and impacts in the Eastern Mediterranean and the Middle East[J]. *Climatic Change*, **114**(3-4): 667-687. DOI:10. 1007/s10584-012-0418-4.

Lelieveld J, Hadjinicolaou P, Kostopoulou E, et al, 2014. Model projected heat extremes and air pollution in the eastern Mediterranean and Middle East in the twenty-first century[J]. *Regional Environmental Change*, **14**(5): 1937-1949. DOI:10. 1007/s10113-013-0444-4.

Lin X, Li C, Lin Z, et al, 2018. Close relationship between the East Asian westerly jet and Russian far East surface air temperature in summer[J]. *Atmospheric Oceanic Science Letters*, **11**(3): 282-286. DOI:10. 1080/16742834. 2018. 1467726.

Loh J L, Tangang F, Juneng L,et al, 2016. Projected rainfall and temperature changes over Malaysia at the end of the 21st century based on PRECIS modelling system[J]. *Asia-Pacific Journal of Atmospheric Sciences*, **52**(2): 191-208.

Maurer E P, Hidalgo H G, 2008. Utility of daily vs. monthly large-scale climate data: an intercomparison of two statistical downscaling methods[J]. *Hydrology and Earth System Sciences*, **12**: 551-563.

Meehl G A, Covey C, Delworth T, et al, 2007. The WCRP CMIP3 multimodel dataset: A new era in climate change research[J]. *Bulletin of the American Meteorological Society*, **88**(9):1383-1394.

Mora C, Spirandelli D, Franklin E C, et al, 2018. Broad threat to humanity from cumulative climate hazards intensified by greenhouse gas emissions[J]. *Nature Climate Change*, **8**(12): 1062-1071. DOI:10. 1038/s41558-018-0315-6.

Paeth H, Born K, Girmes R, et al, 2009. Regional climate change in tropical and Northern Africa due to greenhouse forcing and land use changes[J]. *Journal of Climate*, **22**(1): 114-132.

Sabeerali C T, Rao S A, Dhakate A R, et al, 2015. Why ensemble mean projection of south Asian monsoon rainfall by CMIP5 models is not reliable? [J]. *Climate Dynamics*, **45**(1-2): 161-174. DOI: 10. 1007/s00382-014-2269-3.

Sheffield J, Goteti G, Wood E F, 2006. Development of a 50-yr high-resolution global dataset of meteorological forcings for land surface modeling[J]. *Journal of Climate*, **19**(13): 3088-3111.

Taylor K E, Stouffer R J, Meehl G A, 2012. An overview of CMIP5 and the experiment design[J]. *Bulletin of the American Meteorological Society*, **93**(4): 485-498.

Terink W, Immerzeel W W, Droogers P, 2013. Climate change projections of precipitation and reference evapotranspiration for the Middle East and Northern Africa until 2050[J]. *International Journal of Climatology*, **33**(14): 3055-3072. DOI:10.1002/joc.3650.

Thirumalai K, DiNezio P N, Okumura Y, et al, 2017. Extreme temperatures in Southeast Asia caused by El Niño and worsened by global warming[J]. *Nature Communications*, 8: 15531. DOI: 10.1038/ncomms15531.

Thrasher B, Maurer E P, McKellar C, et al, 2012. Technical Note: Bias correcting climate model simulated daily temperature extremes with quantile mapping[J]. *Hydrology and Earth System Sciences*, **16**(9): 3309-3314.

UN Climate Change, 2018. UN Climate Change Annual Report 2017:50, available at https://unfccc.int/sites/default/files/resource/UNClimateChange_annualreport2017_final.pdf.

United Nations, 2016. Global Sustainable Development Report 2016[R/OL]// Department of Economic and Social Affairs. New York, USA: United Nations: 133, https://sustainabledevelopment.un.org/index.php? page=view&type=400&nr=2328&menu=1515.

United Nations, Department of Economic and Social Affairs, Population Division, 2014. World Urbanization Prospects: The 2014 Revision, Highlights[Z], ST/ESA/SER. A/352.

van Oldenborgh G J, Drijfhout S, van Ulden A, et al, 2009. Western Europe is warming much faster than expected[J]. *Climate of the Past*, **5**:1-12.

Vizy EK, Cook K H, 2012. Mid-twenty-first-century changes in extreme events over northern and tropical Africa[J]. *Journal of Climate*, **25**(17): 5748-5767.

Wang L, Huang R H, Gu L, et al, 2009. Interdecadal variations of the East Asian winter monsoon and their association with quasi-stationary planetary wave activity[J]. *Journal of Climate*, **22**(18): 4860-4872.

WEF (World Economic Forum), 2018. The global risks report 2018[R/OL]. https://www.weforum.org/reports/the-global-risks-report-2018.

WHO (World Health Organization),2018. COP24 special report: health and climate change[R/OL]. http://www.who.int/iris/handle/10665/276405.

Wilby R L, Dawson C W, 2013. The statistical downscaling model: insights from one decade of application [J]. *International Journal of Climatology*,**33**(7): 1707-1719.

Wood A W, Leung L R, Sridhar V, et al, 2004. Hydrologic implications of dynamical and statistical approaches to downscaling climate model outputs[J]. *Climatic Change*, **62**(1-3): 189-216.

Wood A W, Maurer E P, Kumar A, et al, 2002. Long-range experimental hydrologic forecasting for the eastern United States [J]. *Journal of Geophysical Research: Atmospheres*, **107**: D20. DOI: 10.1029/2001JD000659.

Yan Y, Lu R, Li C, 2019. Relationship between the future projections of Sahel rainfall and the simulation biases of present South Asian and western North Pacific rainfall in summer[J]. *Journal of Climate*. DOI: 10.1175/JCLI-D-17-0846.1.

Summary

The Belt and Road Initiative was proposed by Chinese President Xi Jinping in 2013, and has achieved many important harvests and made great progresses in the last 5-6 years. Climate change and the associated weather and climate extremes have become one of the greatest challenges of the world, causing many severe impacts on human and natural systems. Over many areas along the Belt and Road, climate change impacts and risks are much larger than the global average level, and are projected to continue to rapidly increase in the following several decades. Scientific knowledge and information are urgently needed to effectively tackle climate change in advancing the construction of the Belt and Road. However, systematical studies on climate change characteristics, projections and impacts over major Belt and Road regions remain lacking.

In October of 2018, we published the book *"Temporal and Spatial Analyses of Climate Change and Extreme Events over Major Areas of the Belt and Road"*, which provides detailed spatial-temporal features and evolutions of climate change and climate extremes over major areas of the Belt and Road during the period of 1988—2017. In this book, we systematically address future projections of climate change over major regions of the Belt and Road mainly by using Multiple Model Ensemble (MME) approach with NASA Earth Exchange Global Daily Downscaled Projections (NEX-GDDP) dataset at a resolution of 0. 25° for 18 global climate system/earth system models from the Coupled Model Intercomparison Project, Phase 5(CMIP5). We focus on the three different future periods of 2020—2039, 2040—2059, and 2080—2099 under RCP4. 5 and RCP8. 5 scenarios, and the main conclusions are as follows.

In general, MME projections with NEX-GDDP data for 18 CMIP5 global climate system/earth system models show that surface air temperature will significantly increase over major Belt and Road regions in a consistent manner for all three future periods relative to the historical baseline period of 1986—2005 under both RCP4. 5 and RCP8. 5 scenarios ($>$ the 99% confidence level). Spatially, surface air temperature will generally rise more quickly at higher latitudes than at lower latitudes; this feature or pattern consistently shows up in all three future periods of two scenarios. Temporally, highest temperature increase will appear over long-term period of 2080—2099, followed by mid-term 2040—2059 and near-term 2020—2039 for a specific scenario. With regard to different scenarios, surface warming will be much stronger under RCP8. 5 than RCP4. 5 over a specific future period. Over many areas north of 30°N, annual average surface air temperature is projected to rise by more than 5 ℃ for 2080—2099 under RCP8. 5 scenario.

Averaged over major Belt and Road regions according to MME projections, annual average surface air temperature will significantly rise by 1. 16 ℃, 1. 79 ℃ and 2. 46 ℃ for the periods of 2020—2039, 2040—2059, and 2080—2099, respectively, relative to the historical baseline period of 1986—2005 under RCP4. 5 scenario ($>$ the 99% confidence level, Table 1). The warming magnitudes will be 1. 33 ℃, 2. 38 ℃, and 4. 91 ℃ for the three future periods under RCP8. 5 scenario ($>$ the 99% confidence level). In comparison, surface air temperature increases are more significant and larger yet have higher model uncertainties for each future period under RCP8. 5 than RCP4. 5.

Future precipitation changes relative to 1986—2005 are spatially uneven across major Belt and Road regions according to MME projections. In general, projected precipitation change patterns are similar for three future periods of 2020—2039, 2040—2059 and 2080—2099 under RCP4. 5 and RCP8. 5 scenarios. Annual average precipitation will decrease over Mediterranean areas and some West Asian and West African areas, and increase over most of the rest of major Belt and Road regions. The precipitation contrast between wet and dry areas is projected to generally increase over major Belt and Road regions. Future precipitation changes are less significant and have larger model uncertainties than future temperature changes.

Averaged over major Belt and Road regions, annual average precipitation rates are projected to increase by 0. 07 mm/d, 0. 11 mm/d and 0. 16 mm/d for the future periods of 2020—2039, 2040—2059, and 2080—2099, respectively, relative to 1986—2005 under RCP4. 5 scenario (Table 1). The increases are larger for the two future periods of 2040—2059 and 2080—2099 under RCP8. 5 than RCP4. 5, with magnitudes of 0. 13 mm/d and 0. 28 mm/d. The precipitation increases for 2080—2099 under RCP4. 5 scenario and for 2040—2059 and 2080—2099 under RCP8. 5 scenario are significant at the 95% confidence level.

Table 1　Projected changes in annual average temperature and precipitation averaged over major Belt and Road regions under RCP4. 5 and RCP 8. 5 scenarios for three different future periods (2020—2039, 2040—2059 and 2080—2099) relative to the historical baseline period of 1986—2005

	Scenario	Future period		
		2020—2039	2040—2059	2080—2099
Annual average temperature change	RCP4. 5	1. 16 ℃**	1. 79 ℃**	2. 46 ℃**
	RCP8. 5	1. 33 ℃**	2. 38 ℃**	4. 91 ℃**
Annual average precipitation change	RCP4. 5	0. 07 mm/d	0. 11 mm/d	0. 16 mm/d*
	RCP8. 5	0. 07 mm/d	0. 13 mm/d*	0. 28 mm/d*

* and ** denote the 95% and 99% confidence levels, respectively.

Projected changes are calculated using MME approach with NEX-GDDP data at a resolution of 0. 25° for 18 CMIP5 models

We take Mongolia, Kazakhstan and Thailand as examples to conduct country-based climate change projections. MME projections show that surface warming is largest in Kazakhstan, followed by Mongolia and Thailand for each of three future periods under a specific scenario. By the end of 21st century (2080—2099) under RCP8. 5 scenario, annual average temperature increases are 5. 34 ℃, 5. 24 ℃ and 3. 54 ℃ averaged over Kazakhstan, Mongolia and Thailand, respectively, relative to 1986—2005 according to MME projections (>the 99% confidence level). Under RCP4. 5 and RCP8. 5 scenarios, annual average precipitation rates averaged over Mongolia, Kazakhstan and Thailand are projected to increase for all three future periods of 2020—2039, 2040—2059 and 2080—2099. The increases for Mongolia and Kazakhstan are small, with magnitudes of no more than 0. 08 mm/d for all future periods of two scenarios. In comparison, the increase for Thailand is much larger, and can reach up to 0. 80 mm/d for 2080−2099 under RCP8. 5 scenario ($>$ the 99% confidence level).

The Belt and Road Initiative provides an unprecedented cooperation platform for related countries to jointly address climate change, promote ecological civilization and achieve sustainable development. In this book, we perform systematical studies of future projections of climate change over major Belt and Road regions mainly based on the NEX-GDDP dataset for 18 CMIP5 models. This work, together with our previous studies, is expected to provide scientific support and knowledge base to some degree for orderly climate change mitigation and adaptation, climate disaster prevention and reduction, and enhanced climate risk management in jointly advancing the construction of green, clean and beautiful Silk Road.

ZHANG JINGYONG

Professor

Institute of Atmospheric Physics, Chinese Academy of Sciences

College of Earth and Planetary Sciences, University of Chinese Academy of Sciences